基于深度学习的超声导波定量化检测技术

Advances in Deep Learning Assisted Quantitative Inspection Technology Using Ultrasonic Guided Waves

钱征华 李 奇 刘电子 李 鹏 朱 峰 著

科学出版社

北 京

内 容 简 介

本书主要探索人工智能技术在超声导波无损检测领域应用，从数据驱动的全新视角出发，研究如何利用深度学习等技术突破传统知识驱动方法的局限性，解决导波检测正问题和反问题研究中存在的问题，实现高效精确的结构缺陷检测。全书主要分为数据驱动正问题和反问题两部分。正问题部分提出了耦合深度神经网络的超声导波正散射边界元求解方法，用于快速求解含缺陷波导结构的散射波场。反问题部分提出了多种数据驱动的缺陷定量重构方法，并进行了不同条件下的性能探索和实验研究。本书系统性地研究了深度学习在超声导波无损检测中的应用，总结了数据驱动方法的优势和不足，为该领域的发展提供了新的思路和方向。

本书适合具有力学、机械等理工科专业背景的研究生选用作为学习资料，也可供超声无损检测等领域的科研人员参考。

图书在版编目（CIP）数据

基于深度学习的超声导波定量化检测技术 / 钱征华等著. -- 北京：科学出版社，2024.12. -- ISBN 978-7-03-080865-3

I. TG115.285

中国国家版本馆 CIP 数据核字第 20242A6T19 号

责任编辑：李涪汁　高慧元 / 责任校对：郝璐璐
责任印制：张　伟 / 封面设计：许　瑞

科学出版社 出版
北京东黄城根北街 16 号
邮政编码：100717
http://www.sciencep.com

天津市新科印刷有限公司印刷
科学出版社发行　各地新华书店经销

*

2024 年 12 月第 一 版　　开本：720×1000　1/16
2024 年 12 月第一次印刷　　印张：9
字数：180 000
定价：99.00 元
(如有印装质量问题，我社负责调换)

序

超声导波因其能量集中、传播距离远、对结构缺陷灵敏度高等优势被广泛应用于结构无损检测，学术界对导波无损检测的研究已有多年历史，其研究主要分为正问题和反问题两部分。其中，正问题是对导波散射特性进行分析，探索其与结构缺陷相互作用的机理，主要研究方法为有限元、边界元等数值分析技术，这些技术可实现对导波散射场的精确求解，但因其高计算复杂度难以实现对散射波场的实时分析。反问题是研究导波散射信号与结构缺陷特征之间的映射关系，实现定性或定量检测，主要研究方法为线性模型技术和迭代模型技术。线性模型技术是利用导波的散射机理，通过引入如 Born 近似等假设条件，构建导波散射场信号与结构缺陷形状之间的线性变换关系，该类技术的计算效率较高，但因引入近似假设而精度受限；迭代模型技术则通过引入优化算法，通过迭代运算的方式寻找导波散射场信号与结构缺陷形状之间的非线性变换关系，该类技术的检测精度较高，但因需要多次迭代而效率较低。

为了解决上述导波检测正问题和反问题研究现存的问题，需寻找新的思路。近年来，以深度学习为代表的人工智能技术快速发展，在工业界得到广泛应用。其核心机制是通过构建参数化模型及数据训练寻找物理量之间的变换关系，即数据驱动，相比于上述基于导波物理机理的正问题和反问题研究方法是一种全新的思路。将数据驱动方法引入导波检测研究有助于突破传统知识驱动方法的局限性，进而解决上述问题。

南京航空航天大学钱征华教授课题组长期从事超声导波无损检测和结构健康监测研究，承担国家自然科学基金项目、国家重点研发计划项目等多项科研课题，取得了丰硕的成果。近年来，该课题组系统性地开展了数据驱动导波定量化检测研究，并在相关学术期刊上发表了系列论文，得到学术界的关注和认可。钱征华等在上述工作的基础上，经过思考和梳理，撰写形成《基于深度学习的超声导波定量化检测技术》一书。

该书主要内容分为数据驱动正问题和反问题两部分。

正问题部分，该书提出了耦合深度神经网络的超声导波正散射边界元求解方法，用于实现对含缺陷波导结构散射波场的快速求解。反问题部分，该书提出了耦合物理信息的数据驱动导波定量化缺陷重构方法，将神经网络与传统缺陷重构物理模型相结合实现对结构缺陷的重构；提出了数据驱动端至端波导结构缺陷定量化重构方法，利用构建的流形学习算法框架直接实现导波散射场数据与结构缺陷形状之间的变换；开展了数据驱动导波缺陷重构与应用拓展及实验研究，探索在不同频率和模态、不同波导结构、不同缺陷类型以及实验环境下数据驱动导波缺陷重构方法的性能。以上研究系统性地探索了深度学习数据驱动方法在超声导波无损检测领域中的应用方式，总结了这类方法的优势以及不足，在一定程度上解决了传统导波检测方法难以兼顾检测精度和检测效率的问题，为数据驱动导波无损检测的发展拓展了新的思路。该书逻辑完整，层次清晰，可读性强，可供具有力学、机械等理工科专业背景的研究生选用作为学习资料，也可供超声无损检测等领域的研究人员参考。

特向广大读者推荐该书并作序。

熊克

南京航空航天大学

2024 年 12 月

目 录

序
第 1 章　绪论 ·· 1
　1.1　研究背景及意义 ·· 1
　1.2　超声导波缺陷无损检测研究进展 ·· 2
　　　1.2.1　超声导波正散射问题研究进展 ·· 2
　　　1.2.2　超声导波逆散射问题研究进展 ·· 5
　1.3　数据驱动导波正散射及逆散射问题研究进展 ··································· 8
　　　1.3.1　数据驱动正散射数值分析研究进展 ·· 8
　　　1.3.2　数据驱动逆散射目标重构研究进展 ······································· 11
　1.4　本书主要内容 ··· 14
　参考文献 ·· 16
第 2 章　导波基础理论 ··· 26
　2.1　引言 ··· 26
　2.2　弹性动力学基本关系 ·· 26
　2.3　无限大平板导波的频散特性 ··· 27
　2.4　无限大板结构远场格林函数 ··· 30
　2.5　Lamb 波二维频域控制方程 ··· 31
　2.6　本章小结 ··· 34
　参考文献 ·· 34
第 3 章　经典导波检测方法 ··· 36
　3.1　引言 ··· 36
　3.2　一发一收式导波检测方法 ·· 37
　3.3　透射导波二维阵列成像方法 ··· 38
　　　3.3.1　缺陷成像概率分布方法 ·· 39
　　　3.3.2　滤波反投影方法 ··· 41
　　　3.3.3　衍射层析成像方法 ·· 44
　3.4　导波相控阵检测方法 ·· 47
　3.5　本章小结 ··· 49
　参考文献 ·· 50

第 4 章 深度学习算法简介 ·· 52
4.1 引言 ·· 52
4.2 深度学习神经网络框架 ··· 52
4.3 流形学习数据分析与降维 ··· 58
4.4 本章小结 ·· 63
参考文献 ··· 63

第 5 章 数据驱动超声导波正散射边界元计算 ································ 65
5.1 引言 ·· 65
5.2 耦合深度学习的边界元法 ··· 66
5.2.1 基于修正边界元的导波散射波场求解 ······························ 66
5.2.2 等效板波格林函数 ··· 70
5.2.3 耦合深度学习的边界元法框架与原理 ······························ 73
5.3 DBEM 求解含缺陷散射波场数值验证 ································ 76
5.3.1 等效板波格林函数响应求解 ·· 76
5.3.2 含表面缺陷平板散射波场求解 ······································ 78
5.3.3 DBEM 散射波场求解效率评估 ······································ 80
5.4 本章小结 ·· 81
参考文献 ··· 82

第 6 章 耦合物理模型的数据驱动导波定量化缺陷重构 ····················· 83
6.1 引言 ·· 83
6.2 缺陷重构物理模型——波数空间域变换法 ·························· 84
6.3 耦合物理模型的数据驱动缺陷重构法 ································ 86
6.4 耦合物理模型的数据驱动缺陷重构数值验证 ······················· 88
6.4.1 数据集准备 ··· 88
6.4.2 PI-ResNet 缺陷重构泛化性评估 ····································· 89
6.4.3 PI-ResNet 缺陷重构鲁棒性评估 ····································· 91
6.5 本章小结 ·· 92
参考文献 ··· 93

第 7 章 数据驱动端至端的波导结构缺陷定量化重构 ······················· 94
7.1 引言 ·· 94
7.2 数据驱动端至端波导缺陷重构方法框架 ···························· 95
7.3 Deep-guide 缺陷重构神经网络模型 ··································· 99
7.4 数据驱动端至端缺陷重构方法验证 ································· 100
7.4.1 数据集准备 ·· 100
7.4.2 SH 波和 Lamb 波缺陷重构性能评估 ································ 102

目 录

  7.4.3 缺陷定位性能评估 ·· 105
 7.5 数据驱动缺陷重构性能影响因素分析 ······························· 106
  7.5.1 频带宽度对重构精度的影响 ·· 106
  7.5.2 样本数量对重构精度的影响 ·· 109
 7.6 本章小结 ·· 111
 参考文献 ··· 112

第 8 章 基于流形学习框架的导波缺陷重构应用拓展及实验 ············· 113
 8.1 引言 ··· 113
 8.2 数据驱动多频多模态导波缺陷重构 ···································· 114
  8.2.1 多频多模态导波数据的流形分析 ································· 114
  8.2.2 多频多模态导波缺陷重构数值验证 ······························ 119
 8.3 数据驱动的三维结构缺陷定量化重构 ································ 121
  8.3.1 三维平板表面缺陷重构 ·· 121
  8.3.2 三维平板内部缺陷重构 ·· 124
 8.4 数据驱动缺陷重构实验验证 ··· 129
  8.4.1 超声检测实验装置搭建 ·· 129
  8.4.2 实验结果 ··· 130
 8.5 本章小结 ·· 133
 参考文献 ··· 134

扫码获取彩图

第 1 章 绪 论

1.1 研究背景及意义

检测技术是现代社会建设和发展的重要内容，是保障材料、构件、装备制造质量和安全运行的重要手段，是工业发展必不可少的有效工具，是航空航天、特种设备、核电、铁路、新能源、石油化工、汽车和建筑等诸多研究领域的重要组成部分[1,2]。由工业和信息化部等七部门印发的《智能检测装备产业发展行动计划 (2023—2025 年)》中明确指出，发展智能化的检测技术是稳定生产运行、保障产品质量、提升制造效率、确保服役安全的核心，对加快制造业高端化、智能化、绿色化发展，提升产业链供应链韧性和安全水平，支撑制造强国、质量强国、网络强国、数字中国建设具有重要意义[3]。

常见的无损检测方法主要包括液体渗透检测[4]、磁粉检测[5]、超声波检测[6]、热像/红外检测[7]等，其中，超声波无损检测由于具有频率高、波长短、可与弹性结构中的微小缺陷特征相互作用并产生包含丰富缺陷信息的散射波场等特性，被广泛应用于各类大型设备结构的检测。而与传统的超声体波 (ultrasonic bulk wave) 相比，对于杆件、板壳、梁等弹性波导结构，超声导波 (ultrasonic guided wave) 具有更大的优势[8]。例如，飞机机身和机翼的壁板、主梁等，可视为弹性波导结构，其外形在一维或二维方向延展较大的尺度。由于外边界面的约束和内部介质界面的存在，弹性波可产生多次反射、透射并相互干涉，最终形成弹性导波，并沿结构延展方向传播较远的距离[9]。在这种机制下，利用导波进行结构检测的主要优势有：①能量集中，传播距离远；②可不去除涂装和绝缘层进行检测；③有多阶模态，可按照检测部位和缺陷特征选取不同频率和模态的信号；④无须复杂的旋转和走行装置；⑤对缺陷有较高的敏感度和精度；⑥检测能耗低，有较好的经济性[10,11]。

在超声导波应用于结构缺陷的无损检测方面，国内外许多学者做了诸多探索和实践[12]。从应用场景来看，早期的相关研究主要侧重于利用超声导波进行结构缺陷的定性检测，如利用超声回波判断结构是否含有缺陷以及评估缺陷的类型和大致特征[13]；而随着技术的发展，导波检测研究的侧重点逐渐向定量化评估偏移，如实现缺陷的定位[14]、尺寸的表征[15]以至于几何形状的重构[16]。而从研究内容看，对于导波检测的相关研究可分为正问题 (forward problem)[17]和反问

题 (inverse problem)[18] 两大类，其中正问题是研究导波和结构缺陷的相互作用机理，如导波的频散特性、多模态性以及相关的数值分析方法，包括有限元法、边界元法、有限差分法等；导波检测的反问题则是研究从散射波的数据中反演出导波介质的特性，如结构的表面裂纹或内部空腔尺寸、几何形状等。

传统的研究正问题和反问题方法主要是从超声导波的物理机理出发，构建出相应的数学模型进行求解，以实现缺陷分析和缺陷检测的目的，这类方法可以统称为知识驱动方法 (knowledge-driven method)[19]，而近年来随着人工智能 (artificial intelligence, AI) 技术的快速发展，以机器学习 (machine learning, ML) 为代表的数据驱动方法 (data-driven method) 在正散射和逆散射的研究中也得到了有效利用[20-22]，如在计算机断层成像 (CT)[23]、磁共振成像 (MRI)[24]、正电子发射断层成像 (PET)[25] 等领域中都有成果产出，而在超声波检测领域也有一些应用研究[26]，主要目的是通过引入数据驱动方法解决传统知识驱动导波检测方法在一些应用场景中存在的检测效率低、检测精度差等问题。然而，关于数据驱动超声波检测的研究尚在起步阶段，仍然面临着小样本、模型可解释性差、模型泛化能力弱等问题[27,28]，基于此背景，本书针对现存的问题，对数据驱动超声导波检测方法开展了系统性研究，从数据驱动正问题和反问题两个方面进行展开以实现提高导波检测精度兼效率的目的。

1.2 超声导波缺陷无损检测研究进展

1.2.1 超声导波正散射问题研究进展

正问题是关于超声导波和散射体 (结构缺陷) 作用机理的研究[29]。导波在结构中的传播特性非常复杂，主要是由于超声导波具有频散特性和多模态性[30]。前者表现为超声导波在介质中的传播相速度和群速度与频率密切相关；后者则指的是在特定结构波导介质中可激发出多个导波模态，且随着频率的增加，导波中的模态数量也会增加[31]。研究导波的正散射机理，对理解和分析导波在结构中的交互作用及传播特性等方面具有重要意义，尤其对于无损检测领域，导波正散射研究能帮助评估结构缺陷位置、形状、类型等特征与散射波物理属性之间的关系，进而可为逆散射检测模型的研究构建提供指导[32]。对导波正散射的研究主要分为理论解析、数值模拟以及实验研究三类方法[33]。

1. 理论解析

超声导波正散射理论解析是从导波物理机理出发，推导出导波与缺陷相互作用后所形成的散射波场，是一类经典的研究方法[34]。早在 20 世纪 80 年代，Thompson 等[35] 提出利用超声散射信号表征材料缺陷特征，为导波正散射解析方法奠定了理论基础。其后，Busse[36] 建立了二维空间中椭圆形缺陷正散射波场的数学模型，揭示了散射波与缺陷参量之间的对应关系。Fromme 等 [37] 则使用微分方法研究板波正散射特性，并将结果与实验数据进行了比较，证明了方法的可行性。而对于三维正散射问题，Grahn[38] 针对三维平板表面圆形缺陷以及厚度方向穿透形缺陷提出了相应的解析求解算法，该方法将缺陷内部和外部的波场展开成一系列 SH 剪切波模态和 Lamb 波模态叠加之和的形式，再结合结构缺陷的边界条件以及连续性条件，将展开式投影到一组正交基上，从而求解出式中各个模态的未知幅值系数，最后得到散射波场。其后，Moreau 等 [39] 将该理论推广至不规则形状的三维平板表面缺陷以及厚度方向穿透型缺陷的导波散射分析中，该方法同样将缺陷内部与外部波场展开成一系列 Lamb 波模态和 SH 波模态的叠加和，然后将与周向角度有关的函数展开成傅里叶级数形式，再利用边界条件以及正交基投影技术求解出各个模态的未知幅值系数。

2. 数值模拟

由于结构缺陷形状的多样性以及导波散射的多模态性，对于一些复杂结构或缺陷，很难利用理论解析方法实现高精度的正散射波场求解，因此，诸多学者致力于研究基于计算机数值模拟的导波散射场求解方法，目前，最为常见的数值模拟方法为有限元法和边界元法 [40]。

利用有限元法求解导波散射场已有多项研究成果 [41]。例如，Dewhurst 等 [42] 将有限元法和模态展开法相结合计算 Lamb 波散射问题，该方法是通过对求解区域划分有限元网格，使得节点应力和位移都满足边界条件和连续性条件，从而求解出某单一对称或反对称波模态的反射和透射系数。Kim 等 [43] 更进一步，利用有限元法和模态匹配技术，研究了 Lamb 波散射场与多个缺陷之间的关系，为了避免出现较大的全局矩阵，他们将多个凹槽缺陷重组为双缺陷，然后将每个缺陷位置产生的散射效应在散射图中描述出来，并以线性方程组的形式表征出散射图，以此推导得到平板包含多重矩形缺陷情况下 Lamb 波反射系数和透射系数的表达式。

在求解弹性动力学问题时，有限元方法适用范围较广，但由于有限元方法单元划分比较复杂，当遇到复杂结构中的导波散射求解问题时，会给后续研究带来极大不便 [44]。近年来，越来越多的学者将边界元法 (boundary element method, BEM) 应用于固体中声波问题的研究 [45]。BEM 的主要思想是通过将结构边界划分为离散单元，借助结构格林函数基本解，将三维体积分转化为二维面积分实现简化求解。对于求解导波散射问题，BEM 不仅可以大幅提高计算效率，而且其计算机制对于无限大、半无限大结构中散射波场的求解也更具优势 [46]。

应用 BEM 求解导波散射问题，目前已有大量的相关研究。在早期，美国宾夕法尼亚州立大学的 Cho 等 [47] 将 BEM 与简正模态展开技术 (NMET) 相结合求解导波散射问题, 这种方法被称为混合边界元法 (hybrid boundary element method, HBEM), 该方法可用于求解导波在结构断面上的反射和透射系数。另一项重要研究是 Arias 等 [48] 提出的修正边界元法 (modified boundary element method, MBEM) 思想, 主要方案是利用弹性动力学互易定理将无法求解的无限边界积分转化为有限边界积分, 相较于普通的边界元法, 修正边界元法减少了人为截断边界导致的误差, 有效提高了散射波场的求解精度。基于修正边界元法的思想, Yang 等 [49] 首先研究了基于修正边界元法的三维均匀、各向同性平板表面缺陷超声导波散射波场求解问题, 如图 1.1 所示, 为了消除传统边界元法在远场截断边界处所形成的人为散射误差, 该项研究在三维板结构中构建了虚拟边界, 然后利用弹性动力学互易定理将边界元模型截断处以外的波场转化为一系列导波模态的叠加, 最后将其作为修正项代入边界元方程组实现了精确的导波散射场计算。此后, 其又拓展研究了基于修正边界元法的二维均匀、各向异性平板散射波场的求解方法 [50], 该方法可以直接计算得到每个导波模态的反射和透射系数, 可用于解决无限大各向异性多层板界面处由空腔型缺陷引起的波散射问题。

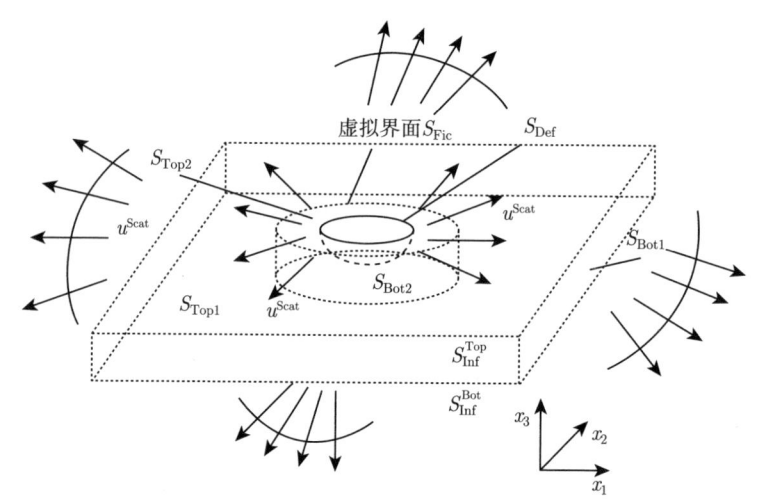

图 1.1 修正边界元法求解三维平板表面缺陷超声导波散射波场 [49]

3. 实验研究

除了数值计算方法, 实验研究在导波正散射问题的探索中也发挥着重要作用, 通过实验测量获取的散射波场数据, 可用于验证理论和数值模型的正确性 [51,52]。早期, Alleyne 等 [53] 设计了一种基于激光测振法的实验系统, 用于测量 Lamb 波在铝板中的传播和散射特性, 通过激光测振仪扫描板表面, 获得了 Lamb 波的散射波场分布,并与有限元模拟结果进行了对比分析,验证了数值模拟的有效性。其后,Lowe 等[54]利用压电换能器激发和接收导波,研究了 Lamb 波在含有半椭圆形缺陷铝板中的散射行为。通过测量在不同频率和入射角度情况下的反射波和透射波,分析了缺陷尺寸和形状对散射特性的影响规律。Panda 等[55]设计了一种基于空气耦合的超声实验系统,用于测量 Lamb 波在复合材料层合板中的散射行为。通过在板的两侧布置空气耦合换能器阵列,获得了不同层间缺陷条件下的散射波场数据,并与有限元模拟结果进行了对比,为复合材料缺陷的无损评估提供了重要依据。这些实验研究工作验证了超声导波在结构无损检测与损伤评估中的应用前景,同时为理论和数值方法的发展提供了重要的实验基础。

1.2.2 超声导波逆散射问题研究进展

无损检测中逆散射问题是指从散射波数据中反演出导波介质特性,如波导结构的表面减薄缺陷或内部空腔缺陷等[56,57]。相比于正问题,反问题的难点在于其在多数情况下是一个不适定问题[58],即很难找到确定且唯一的缺陷形状解,为此,很多学者开展了多年的研究,已开发出了多个传统的反问题算法[59]。所谓传统,是指这些算法是从导波的物理机理出发进行构建的,相比于基于机器学习等数据驱动算法,其可统称为知识驱动算法。从数学上来说,这些传统的知识驱动算法可分为线性模型和迭代模型两类[60],线性模型是指通过引入 Born 近似等线性化假设,构建出导波散射场数据与结构缺陷形状之间的线性变换关系,这种方法的优势在于缺陷重构的速度快,不足在于重构精度不高,原因则是很多情况下散射场信号与缺陷形状之间为非线性的变换关系[61],尤其是在强散射情况下,两者之间的非线性更强;迭代模型则是通过引入一些优化算法,迭代求解结构缺陷的形状,相比于线性模型其重构精度有所提升,但由于需要多次的迭代运算,计算效率就会下降[62]。从应用方式上来说,导波检测可大体分为基于单频率传感阵列的层析成像方法[63]以及基于多频或多模态的重构算法[64]。本节从应用方式的角度对导波逆散射的研究进展进行介绍。

1. 超声阵列缺陷重构

超声阵列作为一种有效的定量超声导波检测技术,具有扫描范围大、检测精度高等优点[65]。在早期的超声阵列逆散射研究中,Hutchins 等[66,67]、Achenbach 等[68]和 Levent 等[69]分别开发了以 Lamb 波速度和衰减作为模型输入的平行投影技术,实现了导波逆散射层析成像。随后,McKeon 等[70]提出了一种新的 Lamb 波阵列技术,他们使用两个独立的接触式压电换能器进行平行线扫描,配合滤波反投影 (filtered back peojection, FBP) 算法来重构板结构中的缺陷图像。Malyarenko 等[71]则以此为基础,利用迭代优化的算法模型进一步提高图像重构的精度。另外,Hay 等[72]研究了基于非接触式换能器的超声阵列逆散射技术。以此为基础，Koduru 等[73] 研究了在水负载条件下带有腐蚀缺陷的钢板结构导波层析成像，结果表明，由于液体层的存在，重构的结构缺陷可以很容易地与图像伪影区分开来。在文献 [74] 中，研究人员利用 PAPID 算法所定义的变形因子实现了定量的缺陷尺寸测量和成像，他们使用包含 32 个换能器的阵列系统，评估了板结构中复杂形状缺陷的位置和尺寸，如图 1.2 所示，他们考察了在使用单一变形因子以及使用多个变形因子时算法对不同缺陷分布情况的重构效果，结果表明使用多个变形因子时的缺陷重构鲁棒性更好。最近，Qian 等[75] 基于矩量法开发了一种稀疏阵列超声导波成像技术用于重构板材表面的潜在缺陷，他们搭建了相应的超声阵列检测平台，并开展实验测试了算法在 8、16、32 以及 64 个换能器阵列情况下的缺陷重构情况，结果表明所用换能器越多则重构效果越好。

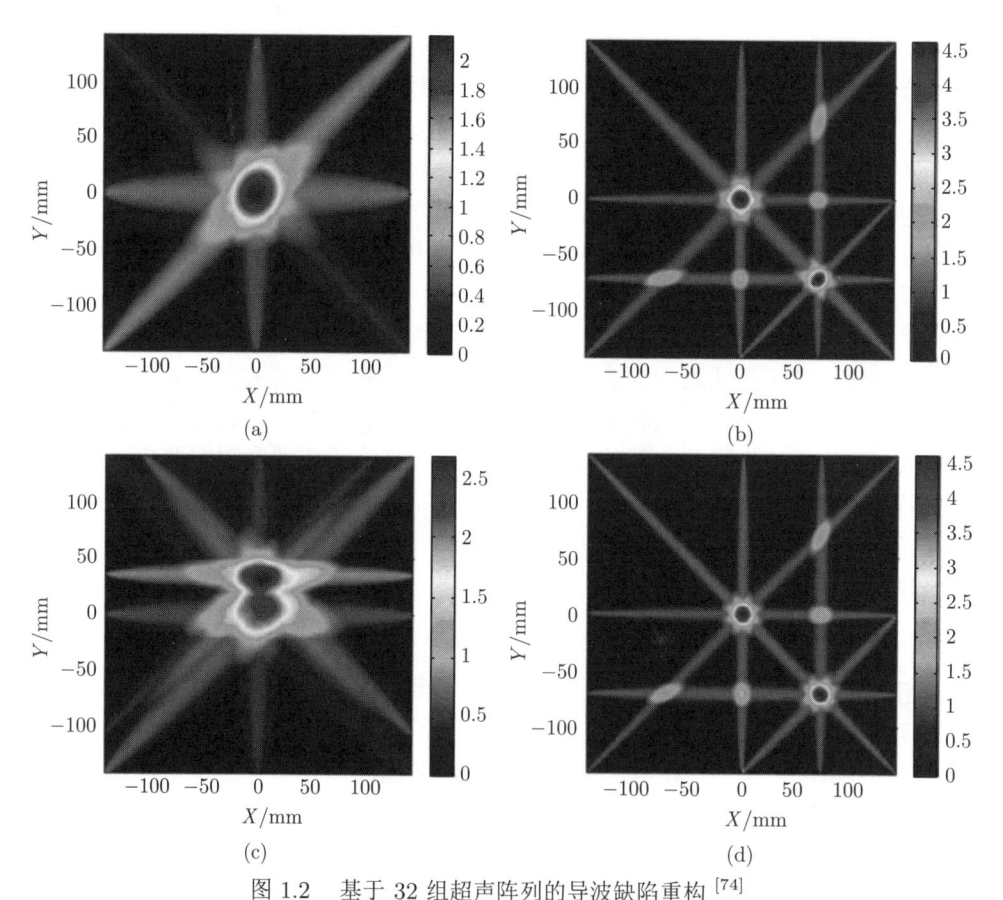

图 1.2 基于 32 组超声阵列的导波缺陷重构[74]
(a) 使用单一变形因子情况下 PAPID 算法对于位置相近的双缺陷重构结果；(b) 使用单一变形因子情况下 PAPID 算法对于位置较远的双缺陷重构结果；(c) 使用多个变形因子情况下 PAPID 算法对于位置相近的双缺陷重构结果；(d) 使用多个变形因子情况下 PAPID 算法对于位置较远的双缺陷重构结果

1.2 超声导波缺陷无损检测研究进展

上述几类超声阵列技术可以实现结构缺陷的有效重构,但由于换能器阵列的硬件特性限制,这些方法主要使用单一频率的导波信号进行检测,因而存在一些不足之处:①单一频率的导波信号所包含的结构缺陷形状信息较少,因此想要实现高精度的重构只能增加换能器数量,导致检测成本大幅提高;②一些如高温、高压、核辐射等恶劣工作环境下,难以布置换能器阵列;③这些技术主要利用散射波信号的传播时间 (TOF) 获取缺陷相关信息,因此其只能识别缺陷的位置,无法描述缺陷形状的细节。

2. 多频、多模态缺陷重构

考虑单频超声阵列缺陷重构技术的局限性,部分学者开始研究基于多频率甚至多模态导波信号的结构缺陷定量化重构技术。对于平板结构,文献 [76] 开发了一种多模态 Lamb 波成像方法,用于复合材料层合板的损伤检测,通过激发 A0 和 S0 两种模态的 Lamb 波,利用其在损伤处产生的散射信号,实现了层合板内部损伤的成像。Michaels 等 [77] 则研究了多频率导波信号在拼接铝板中的散射行为,并用其评估胶接质量,通过测量不同频率下透射波的幅值和相位变化,表征了胶层的厚度和黏结强度。此外,Sohn 等 [78] 提出了一种基于多频率导波信号的统计检测模型,用于复合材料结构的在线健康监测,通过分析多个传感器阵列采集的导波信号,提取出了能够反映结构损伤的敏感特征。文献 [79] 和 [80] 结合格林函数和 Born 近似,提出了一种利用 SH 波和 Lamb 波反射系数进行平板表面减薄缺陷定量化重构的方法,如图 1.3 所示,推导发现波数域中反射波多频率反射系数 (见图 1.3(a)) 与空间域中结构缺陷的形状 (见图 1.3(b)) 之间为傅里叶变换对关系,因此对反射系数进行傅里叶逆变换即可得到缺陷的形状。

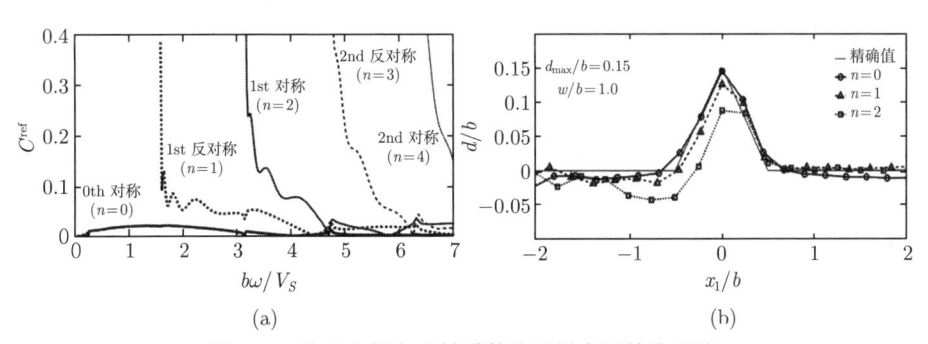

图 1.3 基于多频率反射系数的平板表面缺陷重构
(a) 波数域多频率反射系数;(b) 不同 SH 波模态缺陷重构结果

而对于管道,也有学者利用多频多模导波信号进行检测研究。例如,Lowe 等 [81] 开发了一种基于多模态导波长距离管道检测方法,通过激发管道中纵向

$L(0,2)$ 模态和扭转 $T(0,1)$ 模态，分析它们在缺陷处的反射和透射特性，实现了对管道腐蚀和裂纹的定位和尺寸评估。Demma 等 [82] 则研究了不同频率的导波在管道中的传播和散射行为，用于评估管道的缺陷状态，通过测量不同频率下导波的衰减和速度分散特性，表征了缺陷的类型和严重程度。Alleyne 等 [83] 提出了一种基于多模态导波的管道检测成像方法，通过激发管道中的 $L(0,2)$、$T(0,1)$ 和 $F(1,2)$ 等多个模态，利用它们在缺陷处产生的反射信号，重构了管道内壁和外壁的二维缺陷图像。Hayashi 等 [84] 开发了一种多频率导波检测技术，用于评估埋地管道的腐蚀状态，通过在管道一端激发多个频率的导波并在另一端接收散射信号，分析了不同频率导波的衰减和速度变化，实现了对管道壁厚变化的定量表征。如图 1.4 所示，针对管道结构的表面缺陷，文献 [85]~[88] 提出了一种基于多频率导波信号的管道表面减薄缺陷定量化重构新方法，该方法以动力学互易定理为基础，构建缺陷边界积分方程，通过对边界积分的推导，以优化迭代的方式构建了多频率导波反射系数与缺陷形状之间的变换关系，实现了对轴对称缺陷以及非轴对称缺陷的重构。

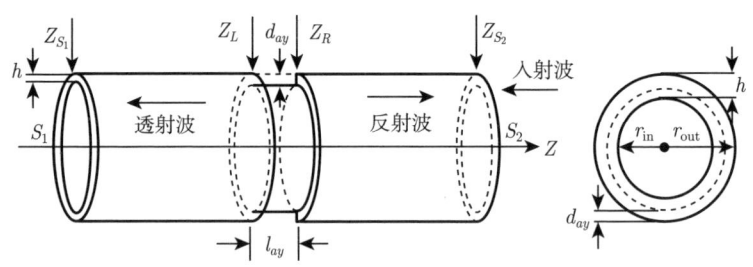

图 1.4 基于多频率反射系数的管道表面缺陷重构 [85]

1.3 数据驱动导波正散射及逆散射问题研究进展

1.3.1 数据驱动正散射数值分析研究进展

将深度学习等数据驱动方法应用于解决工程问题时，样本数据不足是所需面临的主要问题，在实验获取样本数据成本高昂的情况下，使用计算机模拟获取大量的仿真数据用于模型的预训练是一种有效的解决方案 [89]。在利用模拟仿真构建大量的样本数据时，仿真算法的计算效率是一项重要考量因素 [90]。由 1.2.1 节的文献综述可知，对于超声导波散射波场求解问题，相较于有限元等仿真方法，边界元法仅需在结构边界上离散化，具有减少问题维度、提高网格生成效率、提高计算速度的优势，适用于深度学习样本数据库的生成。边界元法的核心在于格林函数基本解，是指在某点进行扰动的情况下所产生的响应场，对于导波散射场求解问题，若已知波导结构中的格林函数，将其代入动力学积分方程中即可实现散射波场的快速求解[91-93]。然而,求解波导结构格林函数非常复杂,要求研究人员具有扎实的数学基础,尤其是对于管道等复杂的波导结构,需要对格林函数中不同组成部分进行分解和近似,同时,对于不同结构的波导,都需要重新进行公式的推导,显著增加了研究的工作量[94,95]。正由于格林函数推导的复杂性,为后续的边界元计算等过程带来诸多不便。例如,在文献[49]中,由于只能使用全空间格林函数进行计算,该文献只能额外构建虚拟边界计算格林函数在无穷边界上的积分,若能够计算得到完好板结构的格林函数,则只需要对缺陷边界进行积分即可实现散射波场的快速求解;而在反问题的应用中[85],由于无法直接获取管道中的格林函数,该文献只能通过引入数值中间量的方式近似代替格林函数进行计算,再通过优化算法迭代提高计算精度,进而影响了反问题的计算效率。因此,如何有效且便捷地求解格林函数,是推动边界元等边界值问题进一步发展的核心问题。

近年来,人工智能(AI)已经成为一种实用技术,在许多领域成功应用,而机器学习则是AI领域中重要的一部分。传统上,机器学习可分为监督学习、无监督学习以及强化学习三大类[96]。监督学习可以用函数来近似描述,其中数据集由输入和输出组成,算法学习如何最佳地将输入样本映射到输出样本,其通过计算预测输出与期望输出之间的误差,并在训练过程中最小化该误差来实现[97]。神经网络是监督学习的典型例子,根据神经网络的通用近似定理(universal approximation theorem)[98,99],对于任意一个定义在有限维空间上的连续函数,都存在一个由单一隐藏层及线性输出层所组成的前馈神经网络,能够以任意程度逼近该函数,隐藏层中的激活函数可以是任意非线性函数,如常用的Sigmoid函数[100]、双曲正切函数[101]、ReLU函数[102]等。因此,理论上来说神经网络可以用来近似任意波导结构中的格林函数,而实现该近似过程则通过数据训练自动进行,无须进行复杂的公式推导,相比于传统的数值或理论求解格林函数方法,其算法模型更易构建,可以为各种波导结构格林函数的数值近似提供一种统一、有效和精确的方法。目前,在电磁[103]、光学[104]以及波动力学[105]等多个领域,都有学者开展利用神经网络求解格林函数基本解的研究。

在电磁领域,文献[106]提出了一种人工神经网络加速数值格林函数模拟方法,用于求解大物体及其附近小散射体的散射问题。这项研究中,首先利用自由空间格林函数提取大物体的散射场,构建具有包含散射特征的样本数据集,然后将该数据集输入人工神经网络进行训练,得到数值格林函数的精确表示。用该方法进行在线散射求解时,仅需考虑与小散射体相关的未知数即可求解,减小了数值计算系统的规模,提高了计算效率。在另一项研究中,Gin等[107]提出了一种基于双自编码器架构的深度学习非线性边值问题求解方法DeepGreen。如图1.5所示,该方法首先利用自编码器训练得到一个可逆的坐标变换算子,将非线性边值问题线性化,并识别出线性算子 L 和格林函数 G,它们可用于求解新的非线性边值问题。该方法在各种非线性系统上取得了成功应用,包括非线性亥姆霍兹方程、斯图姆–刘维尔问题、非线性弹性力学以及二维非线性泊松方程,该方法无须假设初始值即能实现非线性边值问题的快速求解,速度比传统方法快几个数量级。该方法融合了深度学习的通用逼近能力以及格林函数的物理模型,是一种灵活的工具,用于识别各种非线性系统的基本解。

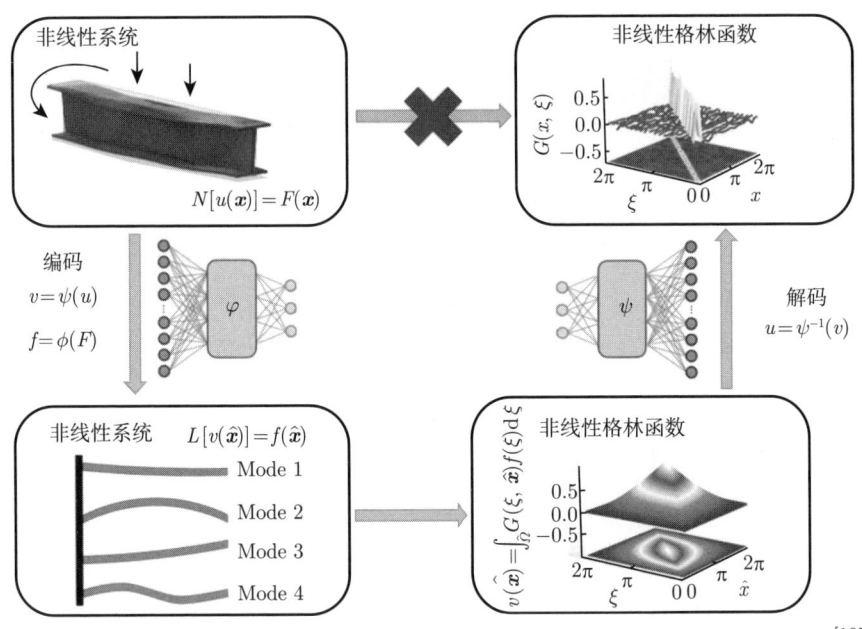

图 1.5 DeepGreen 使用双自编码器架构识别格林函数来求解非线性边值问题[107]

在水动力学领域,也有学者开展相关的研究。典型的例子是上海交通大学的 Huang 等[108]提出的一种利用机器学习模型高效精确计算自由面格林函数的方法。在该研究中,他们将 Romberg 求积法算得的格林函数数值解作为样本数据,构建并训练神经网络对脉动源格林函数进行数值逼近,为了提高数值逼近的精度,将格林函数及其梯度的计算域划分为 4 个区域,并在每个区域采用不同的网络结构,最终得到名为 ZeroGF 的神经网络模型,可以精确预测格林函数及其导数。将 ZeroGF 合并到边界元程序中,在半球体、Wigley III 以及驳船的水动力学计算中进行验证,证明了 ZeroGF 的精确度和可靠性。另一项研究则是 Zhan 等[109]提出名为 StripeGF 的势流理论自由面格林函数数值逼近机器学习模型。研究者在远离奇异性的计算域中布置等距水平基准线,使用具有单一输入的多层感知器 (MLP) 拟合每条线上的格林函数及其导数,然后基于它们满足的一阶常微分方程 (ODE),使用四阶龙格–库塔方法求解相邻线之间的格林函数及其导数。而在接近奇异性的区域则采用双输入多层感知机进行计算。这项研究中使用 Romberg 求积法构建样本数据集，并将训练后的 StripeGF 模型与边界元程序相结合求解 S175 水动力计算算例，测试结果证明了该方法的有效性和可靠性。

1.3.2 数据驱动逆散射目标重构研究进展

在 1.2.2 节中提到，传统的导波逆散射缺陷重构研究主要分为线性模型和迭代模型两类。其中线性模型方法是从导波理论出发，经过推导得到导波散射场数据与结构缺陷形状之间的线性变换关系，这种方法的优势在于线性变换较为简单，因而重构的速度较快，不足之处则在于构建线性模型时常常会引入 Born 近似等假设条件，因而重构的精度较低；迭代模型则是通过引入优化算法，迭代计算散射场信号与缺陷形状之间的非线性变换关系，其重构精度得到提高，但进行多次的迭代计算会降低重构效率。为了兼顾波导结构缺陷定量化重构的精度和效率问题，需要寻找新的思路。

深度学习技术快速发展，目前已有诸多学者研究其在逆散射问题中的应用，总体来看，利用以人工神经网络为代表的深度学习计算解决逆散射问题会面临三个困难，分别是样本数据不足[110]、模型泛化能力弱[111] 以及模型的可解释性差[112]，当然这也是深度学习方法本身所固有的问题。为了克服这三个困难，学者采用多种不同的方式方法进行深度学习逆散射研究，这些方法从总体上可分为两类：①将深度学习等数据驱动模型与传统的逆散射方法相结合进行重构研究[113-116]；②直接使用数据驱动模型构建散射场信号与重构目标之间的变换关系[117-119]。接下来将分别从这两种方式出发论述目前的相关研究进展。

1. 物理模型耦合数据驱动算法的逆散射研究进展

将传统基于导波物理机理的逆散射模型与深度学习数据驱动模型相结合是一种有效的技术路线，这种方法的优势一方面在于引入物理模型后，从样本数据中所需的信息就会减少，进而从一定程度上解决了小样本问题[120]；另一方面，引入物理机理后的重构算法能够显式地表示出物理量之间的变换关系，并不是纯粹的黑箱模型，具有一定的可解释性[121]。在早期的研究中，物理模型与数据驱动模型以交替衔接等简单的方式进行结合[122]。例如，Boublil 等[123] 提出了一种基于前馈神经网络监督学习的图像重构方法，他们将传统的 CT 算法作为前置模型，设定不同的控制参数后得到多张预重构图像，然后将其输入神经网络进行局部非线性融合，最终得到高质量的重构结果。在另一项 CT 重构研究中，Chen 等[124] 提出了一种新的低剂量 CT 图像重构方法，该方法首先将低剂量 CT 散射场数据输入传统的重构算法得到低精度的预重构图像，然后将其输入卷积神经网络进行二次重构得到高精度的结果，定量化的结果表明其重构结果达到了正常剂量 CT 图像的标准，且其重构速度比迭代重构方法快一个数量级。在 Jin 等 [125] 的研究中发现，当问题的正散射算子为卷积形式时，将其基于迭代的逆散射模型展开后具有与卷积神经网络相同的结构，鉴于此，他们提出了将反演物理模型与卷积神经网络相结合进行图像重构，当问题不适定时，物理模型的输出结果中会有伪影，而 CNN 结合了多分辨率分解和残差学习，能够在有效去除这些伪影的同时保留图像结果，进而提高重构的精度。

除了前处理或后处理等简单结合，近年来有学者研究了神经网络与物理模型更深一步的结合方式，例如，在 Gupta 等 [126] 的研究中，他们将投影梯度下降图像重构算法 (PGD) 中的投影算子替换为卷积神经网络，这样就能通过递归运算为 CNN 提供反馈修正补偿，通过 CT 成像试验，他们证明了该方法优于正则化法、字典学习以及深度学习直接重构技术。Shukla 等 [127] 构建了一种物理模型耦合神经网络 (PINN) 的超声波检测方法，该方法将声波偏微分方程组的残差项添加到损失函数中进行训练，使得神经网络耦合了物理模型，作者使用该方法预测金属板的声速，误差为 1%，并进一步实现了对金属板表面裂纹缺陷的识别和定位。其后，该团队又利用 PINN 方法计算多晶镍材料顺应系数随空间的变化，从而量化其微观结构 [128]。如图 1.6 所示，在这项研究中将神经网络与结构平面内以及平面外的弹性波方程相耦合，然后使用 5MHz 的多晶材料表面超声波场数据作为样本训练 PINN 模型，并使用自适应激活函数加速其收敛，结果表明该模型能够有效预测出材料顺应系数的空间变化情况。

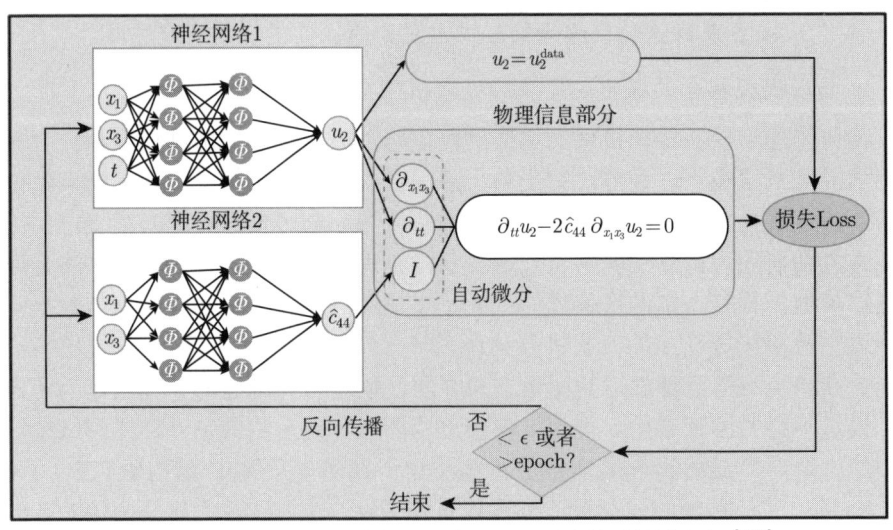

图 1.6 神经网络耦合结构平面内以及平面外的弹性波方程 [128]

1.3 数据驱动导波正散射及逆散射问题研究进展

2. 纯数据驱动逆散射研究进展

相比于耦合物理模型的数据驱动逆散射重构方法，纯数据驱动逆散射方法完全脱离了散射理论模型，因而构建和部署更加简单，并且在多数情况下，只要所研究对象即散射场数据内部变换的机理相同，所构建的模型就能通用于不同的场景。关于纯数据驱动端至端逆散射目前已有大量的研究，在图像重构领域应用最广。例如，Sun 等 [129] 提出了一种基于深度卷积神经网络逆散射图像重构方法，该方法以多重散射信号为输入，先通过一个全连接神经网络算子将信号分别映射为实部图像和虚部图像，然后输入到一个 U-Net 结构的解码器完成图像的重构，仿真和实验结果表明，相比于传统基于优化迭代的重构法，该方法的重构速度和精度都有所提高。在 PET 的研究中，Häggström 等 [130] 构建了编码–解码神经网络 DeepPET，实现了从 PET 正弦信号到高精度图像的直接变换。实验结果表明，DeepPET 重构结果的均方根误差比滤波反投影 (FBP) 重构结果低 53%，结构相似性指数比 FBP 高 11%，峰值信噪比比 FBP 高 3.8dB，计算速度比 FBP 快 3 倍，以此证明了 DeepPET 的有效性。在 MRI 研究中，Zhu 等 [131] 提出了一种基于域变换流形学习的 MRI 图像重构方法 AUTOMAP，如图 1.7 所示，该方法从数据的流形分布原理出发，推导了 MRI 散射数据流形与图像流形之间的变换关系，并以此为基础构建了图像重构神经网络模型，该模型由双全连接层和三个反卷积层组成，全连接层的作用是将复数域的传感器信号变换到图像域，随后由反卷积层实现图像的重构。这项研究中测试了在不同传感布局情况下的 AUTOMAP 成像效果，并与传统的重构方法进行了对比，结果证明了该方法的通用性、精确性以及高效性。

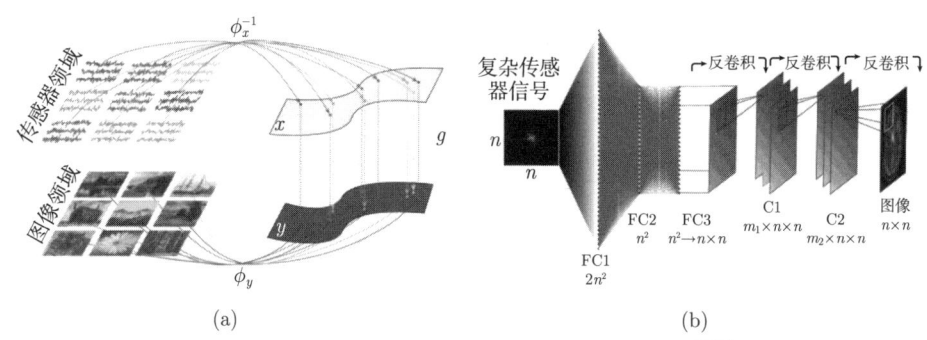

图 1.7　AUTOMAP 域变换流形学习图像重构 [131]
(a) 散射数据与图像的拓扑流形变换关系；(b)AUTOMAP 图像重构神经网络构架

纯数据驱动逆散射在超声导波检测中也有研究。Rautela 等 [132] 利用卷积神经网络、循环神经网络等深度学习模型研究了超声导波逆散射数值逼近，他们提出了一种结合损伤检测、定位、分类以及回归的混合策略神经网络监督学习方法，并基于准确度、损失值、平均绝对误差、平均绝对百分比误差和决定系数等指标比较了网络的性能，同时将传统机器学习算法与深度学习算法的重构结果进行了比较，验证了深度网络在不同频率信号情况下更优的泛化能力。Wang 等[133] 提出了一种基于卷积神经网络的超声导波快速成像方法，用于定量评估结构腐蚀损伤。该方法包含离线训练和在线成像两个步骤，离线训练的目的是基于正散射数据建立检测信号与速度图像之间的关系，在线成像则将检测信号输入到训练好的模型中，实现速度图的实时预测，然后根据特定导波模态的频散曲线，估计腐蚀结构的剩余厚度。数值和实验结果表明该模型可以准确预测损伤的大小和位置，证明了该成像方法可以在实际中有效应用。文献 [134] 提出了一种深度学习辅助的无损检测 (NDE) 技术，利用超声导波结合神经网络对涂层脱层进行定位和尺寸测量。首先通过换能器向涂层板中发送导波，并利用位于声源换能器下游不同位置的接收器测量相应的时域信号，然后将信号输入到训练好的神经网络模型中，模型输出换能器和接收器之间脱层缺陷的位置和大小。数值验证表明训练后的神经网络能够准确预测评估出缺陷的位置及尺寸。

1.4 本书主要内容

本书将基于深度学习的数据驱动算法引入超声导波无损检测开展了系统性的研究，整体的研究内容分为四部分，其中第一部分是研究基于数据驱动的导波正散射数值分析，第二、三、四部分则是研究基于数据驱动的导波逆散射结构缺陷重构。研究正问题的目的是开发高效的导波散射场求解方法，为后续的反问题研究提供数据基础。具体的章节内容安排如下所述。

第 2 章系统性地论述关于导波基础的相关理论，为后续相关研究提供理论基础。该章主要介绍关于超声导波检测的基本理论，推导无限大平板中的导波弥散特性关系，并给出无限大板结构在远场的格林函数，并给出控制方程的简化推导。

第 3 章介绍多种经典的导波检测方法，并结合实际案例分析其在应用中的优势与局限性。首先，从一发一收式导波检测方法的原理出发，阐述空气耦合超声导波和磁致伸缩导波在实际应用中的成像效果。针对该方法在大面积结构检测中的局限性，进一步介绍透射导波二维阵列成像方法。该方法通过多角度阵列采集，结合缺陷概率成像分布、滤波反投影以及衍射层析成像等技术，显著提升检测分辨率与精度，尤其在缺陷识别方面，衍射层析成像展现出突出的优势。最后，基于阵列的相控技术，介绍导波相控阵检测方法，通过精准控制导波传播方向与聚焦位置，实现高效成像与缺陷定位，为导波检测技术的未来发展奠定坚实的理论基础。

第 4 章简单介绍了深度学习算法，为后续深度学习的相关研究提供基础。此

1.4 本书主要内容

外,还介绍关于导波检测深度学习相关的理论和模型,主要包括深度神经网络的模型和构架,如卷积神经网络、残差神经网络等,同时推导并论述关于流形学习数据分析与降维的理论,如 t-SNE 流形学习算法、去噪自编码器等。

第 5 章提出耦合深度神经网络的超声导波正散射边界元求解方法,用于对含缺陷波导结构散射波场的快速求解。该章首先推导基于修正边界元的导波散射波场求解方法,从弹性动力学积分方程出发,构建结构的虚拟边界,利用弹性动力学互易定理和全空间格林函数,得到经过修正的弹性动力学矩阵方程;其次,以修正边界元法为基础,开发耦合深度学习的边界元法 (DBEM),以修正边界元矩阵方程为起点推导等效波导格林函数,并给出 DBEM 的算法框架和原理;最后,开展利用 DBEM 求解含缺陷结构散射波场的数值验证,利用训练后的神经网络求解等效板波格林函数响应,进而求解含表面缺陷平板的散射波场,并对算法的计算效率进行评估。

第 6 章提出耦合物理模型的数据驱动导波定量化缺陷重构方法,将神经网络与传统缺陷重构物理模型相结合实现对结构缺陷的重构。该章首先推导基于波数空间域变换的导波缺陷重构方法,从波动方程以及边界条件出发,利用动力学互易定理得到散射波位移场的积分方程,通过引入高斯定理、格林函数以及 Born 近似,得到导波多频率反射系数与结构缺陷形状之间的傅里叶变换对关系;其次给出耦合物理模型数据驱动缺陷重构方法 (PI-ResNet) 的原理和构架,包括波数域变换法与神经网络的耦合方法以及残差神经网络的具体结构参数;最后开展耦合物理模型数据驱动导波缺陷重构的数值验证,利用耦合深度神经网络的超声导波正散射边界元构建样本数据集,针对不同类型和复杂度的缺陷,对 PI-ResNet 的缺陷重构泛化性能进行评估,针对含噪声信号的情况,对 PI-ResNet 的缺陷重构鲁棒性进行评估。

第 7 章提出数据驱动端至端波导结构缺陷定量化重构方法,利用构建的流形学习算法框架直接实现导波散射场数据与结构缺陷形状之间的变换。该章首先构建数据驱动端至端波导缺陷重构方法框架 (Deep-guide),从数据流形的角度分析导波散射场数据与结构缺陷形状之间的变换关系,提出基于编码-投影算子-解码结构的神经网络缺陷重构模型,并利用 t-SNE 算法可视化研究对于含噪声散射信号的去噪原理和效果;其次构建 Deep-guide 缺陷重构神经网络模型,包含模型中各个模块功能的介绍以及具体的结构超参数;接着开展数据驱动端至端缺陷重构数值验证,利用耦合深度神经网络的超声导波正散射边界元构建样本数据集,分别以 SH 波和 Lamb 波作为散射场信号输入 Deep-guide 模型进行重构性能测试,利用双矩形缺陷数据样本评估模型在水平方向缺陷定位的性能;最后开展关于数据驱动缺陷重构性能影响因素的分析,考虑在一般的多类型缺陷以及特定的单类型缺陷情况下,导波散射信号的频带宽度以及训练样本数量对模型重构精度的影响，并给出相关的参考阈值参数。

第 8 章开展数据驱动导波缺陷重构与应用拓展及实验研究，探索在不同频率和模态、不同波导结构、不同缺陷类型以及实验环境下数据驱动导波缺陷重构方法的性能。该章首先研究数据驱动多频多模态导波缺陷重构，从拓扑流形的角度对多频多模态导波散射场信号进行分析，并开展多频多模态导波缺陷重构数值验证，测试数据驱动重构模型在以不同频率以及模态作为输入情况下的性能和精度；其次对数据驱动缺陷重构的应用场景进行拓展，将 Deep-guide 模型的解码器更改为二维卷积层，应用于对三维平板表面缺陷的重构，将 Deep-guide 模型的解码器更改为三维卷积层，应用于对三维平板内部缺陷的重构；最后开展数据驱动缺陷重构实验验证，介绍超声波检测实验装置的设备以及搭建方法，构建铝板表面缺陷样本并开展实验获取导波散射场信号，输入 Deep-guide 模型进行重构性能验证。

参 考 文 献

[1] 周正干, 刘斯明. 非线性无损检测技术的研究、应用和发展 [J]. 机械工程学报, 2011, 47(8): 2-11.

[2] 敬人可, 李建增, 周海林. 超声无损检测技术的研究进展 [J]. 国外电子测量技术, 2012, 31(7): 28-30.

[3] 孙曙光, 王泽伟, 陈静, 等. 基于卷积变分自编码和多头自注意力机制的断路器剩余机械寿命预测 [J]. 仪器仪表学报, 2024, 45(3): 106-118.

[4] Xu G R, Guan X S, Qiao Y L, et al. Analysis and innovation for penetrant testing for airplane parts[J]. Procedia Engineering, 2015, 99: 1438-1442.

[5] Lovejoy M J. Magnetic Particle Inspection: A Practical Guide[M]. Berlin: Springer Science & Business Media, 1993.

[6] Krautkrämer J, Krautkrämer H. Ultrasonic Testing of Materials[M]. Berlin: Springer Science & Business Media, 2013.

[7] Usamentiaga R, Venegas P, Guerediaga J, et al. Infrared thermography for temperature measurement and non-destructive testing[J]. Sensors, 2014, 14(7): 12305-12348.

[8] Olisa S C, Khan M A, Starr A. Review of current guided wave ultrasonic testing (GWUT) limitations and future directions[J]. Sensors, 2021, 21(3): 811.

[9] Rose J L. A baseline and vision of ultrasonic guided wave inspection potential[J]. Journal of Pressure Vessel Technology, 2002, 124(3): 273-282.

[10] Rose J L. Ultrasonic Guided Waves in Solid Media[M]. Cambridge: Cambridge University Press, 2014.

[11] Moll J, Kathol J, Fritzen C P, et al. Open guided waves: Online platform for ultrasonic guided wave measurements[J]. Structural Health Monitoring, 2019, 18(5/6): 1903-1914.

[12] Wilcox P, Lowe M, Cawley P. The effect of dispersion on long-range inspection using ultrasonic guided waves[J]. NDT & E International, 2001, 34(1): 1-9.

[13] Draudviliene L, Meskuotiene A, Mazeika L, et al. Assessment of quantitative and qualitative characteristics of ultrasonic guided wave phase velocity measurement technique[J]. Journal of Nondestructive Evaluation, 2017, 36(2): 22.

[14] Ghavamian A, Mustapha F, Hang B T, et al. Detection, localisation and assessment of defects in pipes using guided wave techniques: A review[J]. Sensors, 2018, 18(12): 4470.

[15] Zhang K S, Zhou Z G. Quantitative characterization of disbonds in multilayered bonded composites using laser ultrasonic guided waves[J]. NDT & E International, 2018, 97: 42-50.

[16] Xu C B, Yang Z B, Zhai Z, et al. A weighted sparse reconstruction-based ultrasonic guided wave anomaly imaging method for composite laminates[J]. Composite Structures, 2019, 209: 233-241.

[17] Rose J L, Morrow P. An introduction to ultrasonic guided waves[C]. 4th Middle East NDT Conference and Exhibition, 2007.

[18] Rao J, Ratassepp M, Fan Z. Guided wave tomography based on full waveform inversion[J]. IEEE Transactions on Ultrasonics, Ferroelectrics, and Frequency Control, 2016, 63(5): 737-745.

[19] Li Q, Liu F S, Li P, et al. Acoustic data-driven framework for structural defect reconstruction: A manifold learning perspective[J]. Engineering with Computers, 2024, 40(4): 2401-2424.

[20] Li Q, Li P, Liu D Z, et al. Data-driven physics-based reconstruction of structural defects using multi-modes signals[C]. 2022 16th Symposium on Piezoelectricity, Acoustic Waves, and Device Applications (SPAWDA), Nanjing, 2022: 458-462.

[21] Lomazzi L, Junges R, Giglio M, et al. Unsupervised data-driven method for damage localization using guided waves[J]. Mechanical Systems and Signal Processing, 2024, 208: 111038.

[22] Ramatlo D A, Wilke D N, Loveday P W. A data-driven hybrid approach to generate synthetic data for unavailable damage scenarios in welded rails for ultrasonic guided wave monitoring[J]. Structural Health Monitoring, 2024, 23(3): 1890-1913.

[23] McLeavy C M, Chunara M H, Gravell R J, et al. The future of CT: Deep learning reconstruction[J]. Clinical Radiology, 2021, 76(6): 407-415.

[24] Lundervold A S, Lundervold A. An overview of deep learning in medical imaging focusing on MRI[J]. Zeitschrift für Medizinische Physik, 2019, 29(2): 102-127.

[25] Reader A J, Corda G, Mehranian A, et al. Deep learning for PET image reconstruction[J]. IEEE Transactions on Radiation and Plasma Medical Sciences, 2020, 5(1): 1-25.

[26] Pyle R J, Bevan R L T, Hughes R R, et al. Deep learning for ultrasonic crack characterization in NDE[J]. IEEE Transactions on Ultrasonics, Ferroelectrics, and Frequency Control, 2020, 68(5): 1854-1865.

[27] Ye J X, Ito S, Toyama N. Computerized ultrasonic imaging inspection: From shallow to deep learning[J]. Sensors, 2018, 18(11): 3820.

[28] Medak D, PosilovićL, SubašićM, et al. Automated defect detection from ultrasonic

images using deep learning[J]. IEEE Transactions on Ultrasonics, Ferroelectrics, and Frequency Control, 2021, 68(10): 3126-3134.

[29] Song W J, Rose J L, Galán J M, et al. Ultrasonic guided wave scattering in a plate overlap[J]. IEEE Transactions on Ultrasonics, Ferroelectrics, and Frequency Control, 2005, 52(5): 892-903.

[30] Puthillath P, Galan J M, Ren B, et al. Ultrasonic guided wave propagation across waveguide transitions: Energy transfer and mode conversion[J]. The Journal of the Acoustical Society of America, 2013, 133(5): 2624-2633.

[31] Cho Y. Estimation of ultrasonic guided wave mode conversion in a plate with thickness variation[J]. IEEE Transactions on Ultrasonics, Ferroelectrics, and Frequency Control, 2000, 47(3): 591-603.

[32] Schaal C, Zhang S Z, Samajder H, et al. An analytical study of the scattering of ultrasonic guided waves at a delamination-like discontinuity in a plate[J]. Proceedings of the Institution of Mechanical Engineers, Part C: Journal of Mechanical Engineering Science, 2017, 231(16): 2947-2960.

[33] Munian R K, Roy Mahapatra D, Gopalakrishnan S. Ultrasonic guided wave scattering due to delamination in curved composite structures[J]. Composite Structures, 2020, 239: 111987.

[34] Ling E H, Rahim R H A. A review on ultrasonic guided wave technology[J]. Australian Journal of Mechanical Engineering, 2020, 18(1): 32-44.

[35] Baik J M, Thompson R B. Ultrasonic scattering from imperfect interfaces: A quasi-static model[J]. Journal of Nondestructive Evaluation, 1984, 4(3): 177-196.

[36] Busse L J. Three-dimensional imaging using a frequency-domain synthetic aperture focusing technique[J]. IEEE Transactions on Ultrasonics, Ferroelectrics, and Frequency Control, 1992, 39(2): 174-179.

[37] Fromme P, Sayir M B. Measurement of the scattering of a Lamb wave by a through hole in a plate[J]. The Journal of the Acoustical Society of America, 2002, 111(3): 1165-1170.

[38] Grahn T. Lamb wave scattering from a circular partly through-thickness hole in a plate[J]. Wave Motion, 2003, 37(1): 63-80.

[39] Moreau L, Caleap M, Velichko A, et al. Scattering of guided waves by flat-bottomed cavities with irregular shapes[J]. Wave Motion, 2012, 49(2): 375-387.

[40] Gravenkamp H. Numerical Methods For the Simulation of Ultrasonic Guided Waves[M]. Berlin: Bundesanstalt für Materialforschung und-prüfung (BAM), 2014.

[41] Li J, Sharif Khodaei Z, Aliabadi M H. Boundary element modelling of ultrasonic Lamb waves for structural health monitoring[J]. Smart Materials and Structures, 2020, 29(10): 105030.

[42] Dewhurst R J, Williams B A. A study of Lamb wave interaction with defects in sheet materials using a differential fibre-optic beam deflection technique[J]. Materials Science Forum, 1996, 210: 597-604.

[43] Park M H, Kim I S, Yoon Y K. Ultrasonic inspection of long steel pipes using Lamb

waves[J]. NDT & E International, 1996, 29(1): 13-20.

[44] Ali Fakih M, Mustapha S, Tarraf J, et al. Detection and assessment of flaws in friction stir welded joints using ultrasonic guided waves: Experimental and finite element analysis[J]. Mechanical Systems and Signal Processing, 2018, 101: 516-534.

[45] Wrobel L C, Kassab A J. The Boundary Element Method, Volume 1: Applications in Thermo-Fluids and Acoustics[M]. New York: John Wiley & Sons, 2002.

[46] Gravenkamp H, Song C M, Prager J. Numerical simulation of ultrasonic guided waves using the scaled boundary finite element method[C]. 2012 IEEE International Ultrasonics Symposium, Dresden, 2012: 2686-2689.

[47] Cho Y, Rose J L. A boundary element solution for a mode conversion study on the edge reflection of Lamb waves[J]. The Journal of the Acoustical Society of America, 1996, 99(4): 2097-2109.

[48] Arias I, Achenbach J D. Rayleigh wave correction for the BEM analysis of two-dimensional elastodynamic problems in a half-space[J]. International Journal for Numerical Methods in Engineering, 2004, 60(13): 2131-2146.

[49] Yang C, Wang B, Qian Z H. Three dimensional modified BEM analysis of forward scattering problems in elastic solids[J]. Engineering Analysis with Boundary Elements, 2021, 122: 145-154.

[50] Yang C, Wang B, Qian Z H, et al. Modified BEM for scattering analysis by a flaw at interface in an anisotropic multi-layered plate[J]. Engineering Analysis with Boundary Elements, 2023, 152: 704-727.

[51] Hervin F, Maio L, Fromme P. Guided wave scattering at a delamination in a quasi-isotropic composite laminate: Experiment and simulation[J]. Composite Structures, 2021, 275: 114406.

[52] Murat B I S, Khalili P, Fromme P. Scattering of guided waves at delaminations in composite plates[J]. The Journal of the Acoustical Society of America, 2016, 139(6): 3044-3052.

[53] Alleyne D N, Cawley P. The interaction of Lamb waves with defects[J]. IEEE Transactions on Ultrasonics, Ferroelectrics, and Frequency Control, 1992, 39(3): 381-397.

[54] Lowe M J, Challis R E, Chan C W. The transmission of Lamb waves across adhesively bonded lap joints[J]. The Journal of the Acoustical Society of America, 2000, 107(3): 1333-1345.

[55] Panda R S, Rajagopal P, Balasubramaniam K. Characterization of delamination-type damages in composite laminates using guided wave visualization and air-coupled ultrasound[J]. Structural Health Monitoring, 2017, 16(2): 142-152.

[56] Abbas M, Shafiee M. Structural health monitoring (SHM) and determination of surface defects in large metallic structures using ultrasonic guided waves[J]. Sensors, 2018, 18(11): 3958.

[57] Liu S Z, Dong S, Zhang Y W, et al. Defect detection in cylindrical cavity by electromagnetic ultrasonic creeping wave[J]. IEEE Transactions on Magnetics, 2018, 54(3):

6200305.

[58] Rao J, Ratassepp M, Fan Z. Limited-view ultrasonic guided wave tomography using an adaptive regularization method[J]. Journal of Applied Physics, 2016, 120(19): 194902.

[59] Tran T N H T, Le L H, Sacchi M D, et al. Multichannel filtering and reconstruction of ultrasonic guided wave fields using time intercept-slowness transform[J]. The Journal of the Acoustical Society of America, 2014, 136(1): 248-259.

[60] Shen Y F, Cesnik C E S. Local interaction simulation approach for efficient modeling of linear and nonlinear ultrasonic guided wave active sensing of complex structures[J]. Journal of Nondestructive Evaluation, Diagnostics and Prognostics of Engineering Systems, 2018, 1(1): 011008-011008-9.

[61] Zhao G Q, Wang B, Wang T, et al. Detection and monitoring of delamination in composite laminates using ultrasonic guided wave[J]. Composite Structures, 2019, 225: 111161.

[62] Yücel M K, Fateri S, Legg M, et al. Pulse-compression based iterative time-of-flight extraction of dispersed ultrasonic guided waves[C]. 2015 IEEE 13th International Conference on Industrial Informatics (INDIN), Cambridge, 2015: 809-815.

[63] Yan F, Jr Royer R L, Rose J L. Ultrasonic guided wave imaging techniques in structural health monitoring[J]. Journal of Intelligent Material Systems and Structures, 2010, 21(3): 377-384.

[64] He J Z, Leckey C A C, Leser P E, et al. Multi-mode reverse time migration damage imaging using ultrasonic guided waves[J]. Ultrasonics, 2019, 94: 319-331.

[65] Da Y H, Wang B, Liu D Z, et al. A rapid and accurate technique with updating strategy for surface defect inspection of pipelines[J]. IEEE Access, 2021, 9: 16041-16052.

[66] Jansen D P, Hutchins D A, Mottram J T. Lamb wave tomography of advanced composite laminates containing damage[J]. Ultrasonics, 1994, 32(2): 83-90.

[67] Wright W, Hutchins D, Jansen D, et al. Air-coupled Lamb wave tomography[J]. IEEE Transactions on Ultrasonics, Ferroelectrics, and Frequency Control, 1997, 44(1): 53-59.

[68] Nagata Y, Huang J, Achenbach J D, et al. Lamb wave tomography using laser-based ultrasonics[J]. Review of Progress in Quantitative Nondestructive Evaluation, 1995, 14: 561-568.

[69] Levent Degertekin F, Pei J, Khuri-Yakub B T, et al. In situ acoustic temperature tomography of semiconductor wafers[J]. Applied Physics Letters, 1994, 64(11): 1338-1340.

[70] McKeon J C P, Hinders M K. Parallel projection and crosshole Lamb wave contact scanning tomography[J]. The Journal of the Acoustical Society of America, 1999, 106(5): 2568-2577.

[71] Malyarenko E V, Hinders M K. Ultrasonic Lamb wave diffraction tomography[J]. Ultrasonics, 2001, 39(4): 269-281.

[72] Hay T R, Royer R L, Gao H D, et al. A comparison of embedded sensor Lamb wave ultrasonic tomography approaches for material loss detection[J]. Smart Materials and

Structures, 2006, 15(4): 946.

[73] Koduru J P, Rose J L. Mode controlled guided wave tomography using annular array transducers for SHM of water loaded plate like structures[J]. Smart Materials and Structures, 2013, 22(12): 125021.

[74] Lee J, Sheen B, Cho Y. Quantitative tomographic visualization for irregular shape defects by guided wave long range inspection[J]. International Journal of Precision Engineering and Manufacturing, 2015, 16(9): 1949-1954.

[75] Qian Z, Li P, Wang B, et al. A novel wave tomography method for defect reconstruction with various arrays[J]. Structural Health Monitoring, 2024, 23(1): 25-39.

[76] Tran T N H T, Nguyen K C T, Sacchi M D, et al. Imaging ultrasonic dispersive guided wave energy in long bones using linear radon transform[J]. Ultrasound in Medicine & Biology, 2014, 40(11): 2715-2727.

[77] Michaels J E, Michaels T E. Guided wave signal processing and image fusion for in situ damage localization in plates[J]. Wave Motion, 2007, 44(6): 482-492.

[78] Sohn H, Park G, Wait J R, et al. Wavelet-based active sensing for delamination detection in composite structures[J]. Smart Materials and Structures, 2004, 13(1): 153-160.

[79] Wang B, Qian Z. Inverse problem for shape reconstruction of plate-thinning by guided SH-waves[J]. Materials Transactions, 2012, 53(10): 1782-1789.

[80] Wang B, Qian Z. Shape reconstruction of plate thinning using reflection coefficients of ultrasonic lamb waves: A numerical approach[J]. ISIJ International, 2012, 52(7): 1320-1327.

[81] Lowe M J S, Alleyne D N, Cawley P. Defect detection in pipes using guided waves[J]. Ultrasonics, 1998, 36(1/2/3/4/5): 147-154.

[82] Demma A, Cawley P, Lowe M, et al. The reflection of guided waves from notches in pipes: a guide for interpreting corrosion measurements[J]. NDT & E International, 2004, 37(3): 167-180.

[83] Alleyne D N, Lowe M J S, Cawley P. The reflection of guided waves from circumferential notches in pipes[J]. Journal of Applied Mechanics, 1998: 635-641.

[84] Hayashi T, Murase M. Defect imaging with guided waves in a pipe[J]. The Journal of the Acoustical Society of America, 2005, 117(4): 2134-2140.

[85] Da Y, Wang B, Liu D, et al. A novel approach to surface defect detection[J]. International Journal of Engineering Science, 2018, 133: 181-195.

[86] Da Y, Wang B, Liu D, et al. A rapid and accurate technique with updating strategy for surface defect inspection of pipelines[J]. IEEE Access, 2021, 9: 16041-16052.

[87] Da Y, Wang B, Liu D, et al. An analytical approach to reconstruction of axisymmetric defects in pipelines using T (0, 1) guided waves[J]. Applied Mathematics and Mechanics, 2020, 41(10): 1479-1492.

[88] Da Y, Dong G, Shang Y, et al. Circumferential defect detection using ultrasonic guided waves: An efficient quantitative technique for pipeline inspection[J]. Engineering Computations, 2020, 37(6): 1923-1943.

[89] Wynants L, Bouwmeester W, Moons K M, et al. A simulation study of sample size demonstrated the importance of the number of events per variable to develop prediction models in clustered data[J]. Journal of Clinical Epidemiology, 2015, 68(12): 1406-1414.

[90] Moineddin R, Matheson F I, Glazier R H. A simulation study of sample size for multilevel logistic regression models[J]. BMC Medical Research Methodology, 2007, 7: 34.

[91] Vera-Tudela C A R, Telles J C F. A numerical Green's function and dual reciprocity BEM method to solve elastodynamic crack problems[J]. Engineering Analysis with Boundary Elements, 2005, 29(3): 204-209.

[92] Shiah Y C, Tan C L, Wang C Y. Efficient computation of the Green's function and its derivatives for three-dimensional anisotropic elasticity in BEM analysis[J]. Engineering Analysis with Boundary Elements, 2012, 36(12): 1746-1755.

[93] Silveira N P P, Guimaraes S, Telles J C F. A numerical Green's function BEM formulation for crack growth simulation[J]. Engineering Analysis with Boundary Elements, 2005, 29(11): 978-985.

[94] Mnasri T, Ben Younès R, Mazioud A, et al. FVM-BEM method based on the Green's function theory for the heat transfer problem in buried co-axial exchanger[J]. Comptes Rendus Mecanique, 2010, 338(4): 220-229.

[95] Tonon F, Pan E N, Amadei B. Green's functions and boundary element method formulation for 3D anisotropic media[J]. Computers & Structures, 2001, 79(5): 469-482.

[96] Alloghani M, Al-Jumeily D, Mustafina J, et al. A systematic review on supervised and unsupervised machine learning algorithms for data science[J]. Supervised and Unsupervised Learning for Data Science, 2020: 3-21.

[97] Singh A, Thakur N, Sharma A. A review of supervised machine learning algorithms[C]. 2016 3rd International Conference on Computing for Sustainable Global Development (INDIACom), IEEE, 2016: 1310-1315.

[98] Baker M R, Patil R B. Universal approximation theorem for interval neural networks[J]. Reliable Computing, 1998, 4(3): 235-239.

[99] Lu Y L, Lu J. A universal approximation theorem of deep neural networks for expressing probability distributions[J]. Advances in Neural Information Processing Systems, 2020, 33: 3094-3105.

[100] Papernot N, Thakurta A, Song S, et al. Tempered sigmoid activations for deep learning with differential privacy[J]. Proceedings of the AAAI Conference on Artificial Intelligence, 2021, 35(10): 9312-9321.

[101] Yuen B, Hoang M T, Dong X, et al. Universal activation function for machine learning[J]. Scientific Reports, 2021, 11(1): 18757.

[102] Agarap A F. Deep learning using rectified linear units (ReLU)[J]. arXiv preprint arXiv: 1803.08375, 2018.

[103] Shu Y F, Wei X C, Fan J, et al. An equivalent dipole model hybrid with artificial neural network for electromagnetic interference prediction[J]. IEEE Transactions on Microwave Theory and Techniques, 2019, 67(5): 1790-1797.

[104] García J P, Rebenaque D C, Quesada Pereira F D, et al. Fast and efficient calculation of the multilayered shielded Green's functions employing neural networks[J]. Microwave and Optical Technology Letters, 2005, 44(1): 61-66.

[105] Aldirany Z, Cottereau R, Laforest M, et al. Operator approximation of the wave equation based on deep learning of Green's function[J]. Computers & Mathematics with Applications, 2024, 159: 21-30.

[106] Hao W Q, Chen Y P, Chen P Y, et al. Solving two-dimensional scattering from multiple dielectric cylinders by artificial neural network accelerated numerical Green's function[J]. IEEE Antennas and Wireless Propagation Letters, 2021, 20(5): 783-787.

[107] Gin C R, Shea D E, Brunton S L, et al. DeepGreen: deep learning of Green's functions for nonlinear boundary value problems[J]. Scientific Reports, 2021, 11(1): 21614.

[108] Huang S, Zhu R C, Chang H Y, et al. Machine Learning to approximate free-surface Green's function and its application in wave-body interactions[J]. Engineering Analysis with Boundary Elements, 2022, 134: 35-48.

[109] Zhan K, Zhu R C, Xu D K. A machine learning model for fast approximation of free-surface Green's function and its application[J]. Journal of Ocean Engineering and Science, 2023, 8: 2.

[110] Ongie G, Jalal A, Metzler C A, et al. Deep learning techniques for inverse problems in imaging[J]. IEEE Journal on Selected Areas in Information Theory, 2020, 1(1): 39-56.

[111] Xu K W, Wu L, Ye X Z, et al. Deep learning-based inversion methods for solving inverse scattering problems with phaseless data[J]. IEEE Transactions on Antennas and Propagation, 2020, 68(11): 7457-7470.

[112] Butler K T, Le M D, Thiyagalingam J, et al. Interpretable, calibrated neural networks for analysis and understanding of inelastic neutron scattering data[J]. Journal of Physics: Condensed Matter, 2021, 33(19): 194006.

[113] Chen X D, Wei Z, Li M K, et al. A review of deep learning approaches for inverse scattering problems (invited review)[J]. Electromagnetic Waves, 2020, 167: 67-81.

[114] Wu Z Y, Peng Y X, Wang P, et al. A physics-induced deep learning scheme for electromagnetic inverse scattering[J]. IEEE Transactions on Microwave Theory and Techniques, 2023, 72(2): 927-947.

[115] Guo R, Lin Z C, Shan T, et al. Physics embedded deep neural network for solving full-wave inverse scattering problems[J]. IEEE Transactions on Antennas and Propagation, 2022, 70(8): 6148-6159.

[116] Wu R T, Jokar M, Jahanshahi M R, et al. A physics-constrained deep learning based approach for acoustic inverse scattering problems[J]. Mechanical Systems and Signal Processing, 2022, 164: 108190.

[117] Li L L, Wang L G, Teixeira F L, et al. DeepNIS: Deep neural network for nonlinear electromagnetic inverse scattering[J]. IEEE Transactions on Antennas and Propagation, 2019, 67(3): 1819-1825.

[118] Zhou Y L, Zhong Y, Wei Z, et al. An improved deep learning scheme for solving 2-D and

3-D inverse scattering problems[J]. IEEE Transactions on Antennas and Propagation, 2021, 69(5): 2853-2863.

[119] Xu K W, Wu L, Ye X Z, et al. Deep learning-based inversion methods for solving inverse scattering problems with phaseless data[J]. IEEE Transactions on Antennas and Propagation, 2020, 68(11): 7457-7470.

[120] Wu Z Y, Peng Y X, Wang P, et al. A physics-induced deep learning scheme for electromagnetic inverse scattering[J]. IEEE Transactions on Microwave Theory and Techniques, 2024, 72(2): 927-947.

[121] Samarakoon A M, Alan Tennant D. Machine learning for magnetic phase diagrams and inverse scattering problems[J]. Journal of Physics: Condensed Matter, 2021, 34(4): 044002.

[122] McCann M T, Jin K H, Unser M. Convolutional neural networks for inverse problems in imaging: A review[J]. IEEE Signal Processing Magazine, 2017, 34(6): 85-95.

[123] Boublil D, Elad M, Shtok J, et al. Spatially-adaptive reconstruction in computed tomography using neural networks[J]. IEEE Transactions on Medical Imaging, 2015, 34(7): 1474-1485.

[124] Chen H, Zhang Y, Zhang W H, et al. Low-dose CT via convolutional neural network[J]. Biomedical Optics Express, 2017, 8(2): 679-694.

[125] Jin K H, McCann M T, Froustey E, et al. Deep convolutional neural network for inverse problems in imaging[J]. IEEE Transactions on Image Processing, 2017, 26(9): 4509-4522.

[126] Gupta H, Jin K H, Nguyen H Q, et al. CNN-based projected gradient descent for consistent CT image reconstruction[J]. IEEE Transactions on Medical Imaging, 2018, 37(6): 1440-1453.

[127] Shukla K, Di Leoni P C, Blackshire J, et al. Physics-informed neural network for ultrasound nondestructive quantification of surface breaking cracks[J]. Journal of Nondestructive Evaluation, 2020, 39(3): 61.

[128] Shukla K, Jagtap A D, Blackshire J L, et al. A physics-informed neural network for quantifying the microstructural properties of polycrystalline nickel using ultrasound data: A promising approach for solving inverse problems[J]. IEEE Signal Processing Magazine, 2022, 39(1): 68-77.

[129] Sun Y, Xia Z H, Kamilov U S. Efficient and accurate inversion of multiple scattering with deep learning[J]. Optics Express, 2018, 26(11): 14678-14688.

[130] Häggström I, Ross Schmidtlein C, Campanella G, et al. DeepPET: A deep encoder-decoder network for directly solving the PET image reconstruction inverse problem[J]. Medical Image Analysis, 2019, 54: 253-262.

[131] Zhu B, Liu J Z, Cauley S F, et al. Image reconstruction by domain-transform manifold learning[J]. Nature, 2018, 555(7697): 487-492.

[132] Rautela M, Gopalakrishnan S. Ultrasonic guided wave based structural damage detection and localization using model assisted convolutional and recurrent neural net-

works[J]. Expert Systems with Applications, 2021, 167: 114189.
[133] Wang X C, Lin M, Li J, et al. Ultrasonic guided wave imaging with deep learning: Applications in corrosion mapping[J]. Mechanical Systems and Signal Processing, 2022, 169: 108761.
[134] Wang J Z, Schmitz M, Jacobs L J, et al. Deep learning-assisted locating and sizing of a coating delamination using ultrasonic guided waves[J]. Ultrasonics, 2024, 141: 107351.

第 2 章 导波基础理论

2.1 引　　言

研究基于数据驱动的导波检测是一个跨领域的方向，同时涉及超声导波以及深度学习的相关理论和算法模型。例如，频散是超声导波的重要特性，贯穿于整篇文章的研究工作。对于超声导波，本章首先介绍弹性动力学基本关系，其次以无限大平板为例，推导了超声 SH 波以及 Lamb 波的频散特性关系，最后推导了无限大板结构远场格林函数。本章内容为后续章节的研究工作提供了理论基础。

2.2 弹性动力学基本关系

对于一个均匀、各向同性的线弹性物体，其应力-位移关系可由式 (2.1) 描述：

$$\sigma_{ij} = \lambda u_{k,k}\delta_{ij} + \mu(u_{i,j} + u_{j,i}) \tag{2.1}$$

其中，$u_{k,k}$ 和 σ_{ij} 分别是位移向量和应力张量的分量；δ_{ij} 是 Kronecker δ 函数；λ 和 μ 是拉梅常数；$u_{i,j}$ 表示 u_i 关于 x_j 的偏导数，且采用了求和约定。

另外，关于应力和位移的运动方程可以表示为

$$\sigma_{ij,j} = \rho \ddot{u}_i \tag{2.2}$$

其中，ρ 是质量密度；$\ddot{u}_i$ 表示位移 u_i 关于时间 t 的二阶偏导数。本书不考虑体力，方程 (2.2) 中省略了体力项。

由式 (2.1) 和式 (2.2) 可以推导出位移的运动方程如下：

$$\mu u_{i,jj} + (\lambda + \mu)u_{j,ji} = \rho \ddot{u}_i \tag{2.3}$$

在时谐场中，位移可以表示为

$$u_i(x_j, t) = u_i(x_j)\mathrm{e}^{\mathrm{i}\omega t} \tag{2.4}$$

其中，ω 是角频率。将式 (2.4) 代入式 (2.3) 得到向量形式的时谐运动方程：

$$\mu \nabla^2 \tilde{\boldsymbol{u}} + (\lambda + \mu)\nabla(\nabla \cdot \tilde{\boldsymbol{u}}) + \rho\omega^2 \tilde{\boldsymbol{u}} = \boldsymbol{0} \tag{2.5}$$

在后续内容中，频域分量 $\tilde{u}_i(x)$ 被简化记为 $u_i(x_j)$。

此外，还可以推导出运动方程的势能表示形式。假设式 (2.5) 的解可以用标量势 ϕ 和矢量势 ψ 表示，具体如下：

$$\boldsymbol{u} = \nabla \phi + \nabla \times \boldsymbol{\psi} \tag{2.6}$$

将式 (2.6) 代入式 (2.3)，得到位移运动方程的势能表示形式如下：

$$\nabla^2 \phi = \frac{1}{c_L^2} \ddot{\phi}, \quad \nabla^2 \boldsymbol{\psi} = \frac{1}{c_T^2} \ddot{\boldsymbol{\psi}} \tag{2.7}$$

其中

$$c_L = \sqrt{\frac{\lambda + 2\mu}{\rho}}, \quad c_T = \sqrt{\frac{\mu}{\rho}} \tag{2.8}$$

分别是弹性介质中纵波 (膨胀波) 和横波 (剪切波) 的速度。

同一个物体中任意两个弹性动力状态满足互易定理[1]。对于两个不同的时谐状态，分别用上标 A 和 B 标记，在一个封闭区域 V 及其边界 S 内，有如下关系：

$$\int_V (f_i^A u_i^B - f_i^B u_i^A) \mathrm{d}V = \int_S (u_i^A \sigma_{ij}^B - u_i^B \sigma_{ij}^A) n_j \mathrm{d}S \tag{2.9}$$

其中，f_i^A 和 f_i^B 表示体力；u_i^A 和 u_i^B 表示位移；σ_{ij}^A 和 σ_{ij}^B 是应力张量；n_j 是 S 外法向量的分量。如果忽略体力，式 (2.9) 右侧为零。此外，由于波场的复共轭也能满足运动方程，可以在式 (2.9) 中将波场 $B(u_i^B, \sigma_{ij}^B)$ 替换为其复共轭 $(u_i^{B*}, \sigma_{ij}^{B*})$，以得到复数互易恒等式：

$$\int_S (u_i^A \sigma_{ij}^{B*} - u_i^{B*} \sigma_{ij}^A) n_j \mathrm{d}S = 0 \tag{2.10}$$

互易定理是后面内容中关于正散射边界元研究的关键。

2.3 无限大平板导波的频散特性

如图 2.1 所示，设平板厚度为 $2b$，规定 x_1 为纵向，x_2 为横向，x_3 为垂直纸面的方向，且方向向外。设板的上下表面自由，板中为时间简谐波场，且处于反平面应变状态。

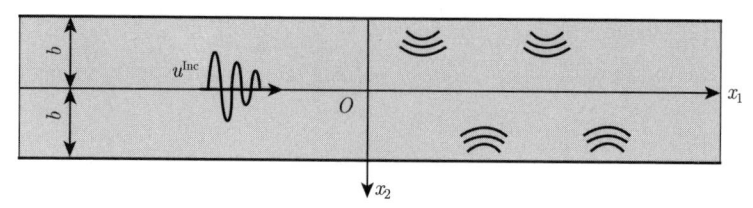

图 2.1 平板中导波传播的二维截面图

对于板中对称的 SH 波模态，其位移和应力分量的表达式为

$$\begin{cases} u_1 = u_2 = 0 \\ u_3 = A\cos(\beta x_2)\mathrm{e}^{-\mathrm{i}(\xi_1 x_1 - \omega t)} \\ \sigma_{31} = -\mathrm{i}A\mu\xi_1\cos(\beta x_2)\mathrm{e}^{-\mathrm{i}(\xi_1 x_1 - \omega t)} \\ \sigma_{32} = -A\mu\beta\sin(\beta x_2)\mathrm{e}^{-\mathrm{i}(\xi_1 x_1 - \omega t)} \\ \sigma_{11} = \sigma_{21} = \sigma_{22} = \sigma_{33} = 0 \end{cases} \quad (2.11)$$

同样，对于反对称模态的位移和应力分量表达式为

$$\begin{cases} u_1 = u_2 = 0 \\ u_3 = A\sin(\beta x_2)\mathrm{e}^{-\mathrm{i}(\xi_1 x_1 - \omega t)} \\ \sigma_{31} = -\mathrm{i}A\mu\xi_1\sin(\beta x_2)\mathrm{e}^{-\mathrm{i}(\xi_1 x_1 - \omega t)} \\ \sigma_{32} = A\mu\beta\cos(\beta x_2)\mathrm{e}^{-\mathrm{i}(\xi_1 x_1 - \omega t)} \\ \sigma_{11} = \sigma_{21} = \sigma_{22} = \sigma_{33} = 0 \end{cases} \quad (2.12)$$

其中，A 是一个任意的复数值因子；ξ_1 是 x_1 方向的波数；β 满足 $\beta^2 = (\omega/c_T)^2 - \xi_1^2$。

根据式 (2.11) 和式 (2.12) 可得板中的 SH 波模态存在以下频散关系：

$$\beta b = \frac{n\pi}{2} \quad (2.13)$$

其中，n 是一个非负整数，对于对称和反对称模式分别取偶数和奇数；β 是类似波数的因子，方向为 x_2。图 2.2(a) 给出了不同阶 SH 波模态的归一化波数与频率的关系 $(\xi_1 b)^2 = (\omega b/c_T)^2 - (\beta b)^2$。

接下来考虑如图 2.1 所示平板中传播的 Lamb 波模态，对于对称 Lamb 波模态的位移分量可以表示为

$$\begin{cases} u_1 = A(-2\xi_1^2\cos(px_2)\cos(qb) + (\xi_1^2 - q^2)\cos(qx_2)\cos(pb))\mathrm{e}^{-\mathrm{i}\xi_1 x_1} \\ u_2 = \dfrac{\mathrm{i}A\xi_1}{q}(2pq\sin(px_2)\cos(qb) + (\xi_1^2 - q^2)\sin(qx_2)\cos(pb))\mathrm{e}^{-\mathrm{i}\xi_1 x_1} \\ u_3 = 0 \end{cases} \quad (2.14)$$

2.3 无限大平板导波的频散特性

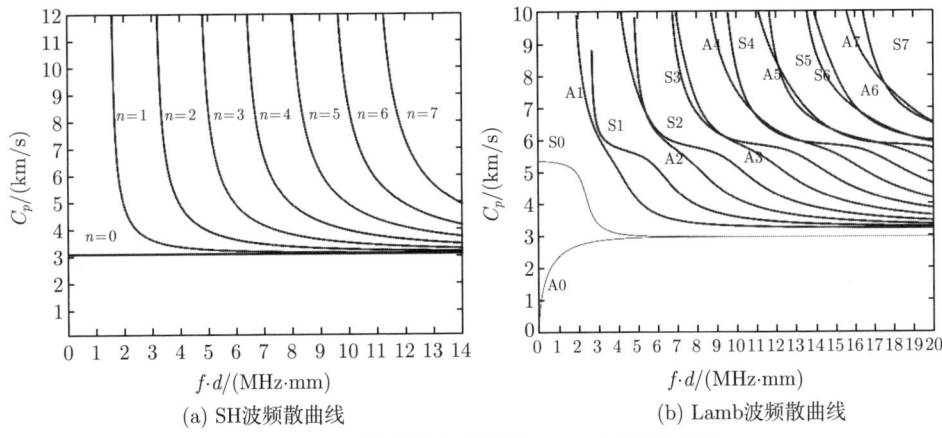

图 2.2 SH 波频散曲线以及 Lamb 波频散曲线

(a) SH波频散曲线 (b) Lamb波频散曲线

对于反对称模态则为

$$\begin{cases} u_1 = A(2\xi_1^2 \sin(px_2)\sin(qb) - (\xi_1^2 - q^2)\sin(qx_2)\sin(pb))e^{-i\xi_1 x_1} \\ u_2 = \dfrac{iA\xi_1}{q}(2pq\cos(px_2)\sin(qb) + (\xi_1^2 - q^2)\cos(qx_2)\sin(pb))e^{-i\xi_1 x_1} \\ u_3 = 0 \end{cases} \quad (2.15)$$

其中，A 为模态的复数值系数。应力分量可以通过弹性本构关系计算得到。利用 Lamb 波的对称和反对称模态位移和应力关系，可分别得到对称模态的频散关系为

$$\frac{\tan(pb)}{\tan(qb)} + \frac{(q^2 - \xi_1^2)^2}{4\xi_1^2 pq} = 0 \quad (2.16)$$

反对称模态的频散关系为

$$\frac{\tan(pb)}{\tan(qb)} + \frac{4\xi_1^2 pq}{(q^2 - \xi_1^2)^2} = 0 \quad (2.17)$$

其中，ξ_1 为波数，在式 (2.14) 和式 (2.15) 中，$p^2 = \left(\dfrac{\omega}{c_l}\right)^2 - \xi_1^2$，$q^2 = \left(\dfrac{\omega}{c_t}\right)^2 - \xi_1^2$。

图 2.2(b) 给出了归一化的 Lamb 波频散曲线。Lamb 波的频散曲线取决于 λ 和 μ 之间的比率，即泊松比 $\nu = \lambda/(2(\lambda+\mu))$，如图 2.2(b) 所示曲线的 ν=0.3。图中实线代表 $n = 2, 4, 6, \cdots$ 的对称模态，虚线代表 $n = 1, 3, 5, \cdots$ 的反对称模态。

值得注意的是，图 2.2 只绘制了实波数部分的频散曲线，该部分为传导波，可以传递能量并用于无损检测，关于复波数域 $-\xi_1$ 中频散曲线的完整绘制和讨论可参考文献 [2]。此外，Lamb 波以及高阶 SH 波的波速对板厚度很敏感，且波速与板厚度之间具有一定的映射关系，这是本章定量化导波检测的物理本质。

2.4 无限大板结构远场格林函数

在本节推导完整平板中的格林函数 $u^*(\boldsymbol{X}, \boldsymbol{x})$，它表示由于在完整板中的源点 $\boldsymbol{X} = (X_1, X_2)$ 处施加时间简谐点力而在场点 $\boldsymbol{x} = (x_1, x_2)$ 处产生的反平面位移。注意，波导结构中的格林函数推导非常复杂，本节所推导的为板波格林函数的远场表达式，该部分理论主要用于第 5 章中波数空间域变换缺陷重构方法的推导，在后续第 4 章中所研究的为利用神经网络求解板波格林函数的近场分布值。

格林函数 $u^*(\boldsymbol{X}, \boldsymbol{x})$ 满足运动方程：

$$\nabla^2 u^*(\boldsymbol{X}, \boldsymbol{x}) + k_T^2 u^*(\boldsymbol{X}, \boldsymbol{x}) = -\delta(\boldsymbol{X}, \boldsymbol{x})/\mu \tag{2.18}$$

以及无牵引力的边界条件：

$$t^*(\boldsymbol{X}, \boldsymbol{x}) \equiv \mu \frac{\partial u^*(\boldsymbol{X}, \boldsymbol{x})}{\partial n(\boldsymbol{x})} = 0, \quad x_2 = \pm b \tag{2.19}$$

其中，$k_T = \omega/c_T$ 是剪切波波数；$\partial/\partial n$ 是法向导数。

假设格林函数 $u^*(\boldsymbol{X}, \boldsymbol{x})$ 由基本解和附加项两部分组成。其中基本解 u^{inc} 是方程 (2.3) 的特解，表示由无限域中的线载荷而产生的柱面波；附加项 u^{ref} 表示当柱面波遇到无缺陷板的上下边界时产生的反射波。最终，$u^*(\boldsymbol{X}, \boldsymbol{x})$ 表示为

$$\begin{aligned}
u^*(\boldsymbol{X}, \boldsymbol{x}) &= u^{\text{inc}}(\boldsymbol{X}, \boldsymbol{x}) + u^{\text{ref}}(\boldsymbol{X}, \boldsymbol{x}) \\
&= \frac{1}{4\pi\mu} \int_{-\infty}^{\infty} \frac{e^{-R_T|x_2 - X_2|}}{R_T} e^{-i\xi_1(x_1 - X_1)} d\xi_1 \\
&\quad + \frac{1}{4\pi\mu} \int_{-\infty}^{\infty} (A^+ e^{-R_T x_2} + A^- e^{R_T x_2}) e^{-i\xi_1(x_1 - X_1)} d\xi_1
\end{aligned} \tag{2.20}$$

其中，$R_T = \sqrt{\xi_1^2 - k_T^2}$ ($|\xi_1| \geqslant k_T$)，或 $R_T = -i\sqrt{k_T^2 - \xi_1^2}$ ($|\xi_1| < k_T$)；A^+ 和 A^- 分别表示来自下表面和上表面反射波的未知振幅。将方程 (2.20) 代入方程 (2.18) 求解振幅 A^+ 和 A^- 后得到以下形式：

$$\begin{aligned}
u^*(\boldsymbol{X}, \boldsymbol{x}) = \frac{1}{4\pi\mu} \int_{-\infty}^{\infty} &\left(\frac{e^{-R_T|x_2 - X_2|}}{R_T} + \frac{e^{-2R_T b}}{2R_T(1 + e^{-2R_T b})} \right. \\
&\cdot (e^{-R_T X_2} - e^{+R_T X_2})(e^{-R_T x_2} - e^{+R_T x_2}) \\
&\left. + \frac{e^{-2R_T b}}{2R_T(1 - e^{-2R_T b})} (e^{-R_T X_2} + e^{+R_T X_2})(e^{-R_T x_2} + e^{+R_T x_2}) \right) e^{-i\xi_1(x_1 - X_1)} d\xi_1
\end{aligned} \tag{2.21}$$

对于 $|x_1| \gg |X_1|$ 的区域，入射波部分以 $O(|x_1|^{-1/2})$ 的阶数衰减，附加项 u^{ref} 表示一系列无衰减传播的 SH 波模态的叠加，可以利用留数定理对方程 (2.21) 中第二和第三个积分项进行近似表示。最终推导得到的完整板中格林函数远场表达式为

$$u^*(\boldsymbol{X}, \boldsymbol{x}) \approx u^{\text{ref}}(\boldsymbol{X}, \boldsymbol{x})$$

$$= -\frac{\mathrm{i}}{4b\mu\zeta_0}\mathrm{e}^{-\mathrm{i}\zeta_0|x_1-X_1|} - \sum_m \frac{\mathrm{i}}{2b\mu\zeta_m} f_{CS}^m(\beta_m, x_2) f_{CS}^m(\beta_m, X_2) \mathrm{e}^{-\mathrm{i}\zeta_m|x_1-X_1|}$$
(2.22)

其中，函数 $f^m(x)$ 为正余弦基函数，对于导波对称模态用余弦函数表示，对于导波反对称模态用正弦函数表示；$\beta = \dfrac{m\pi}{2b}$ 是 x_2 方向的波数类因子，相应的 $\zeta_m = \sqrt{k_T^2 - \beta_m^2}$。可以看出，方程 (2.22) 是多个远场 SH 波模态的组合，每个模态的波数为 ζ_m。

2.5 Lamb 波二维频域控制方程

式 (2.5) 给出的拉梅-纳维方程是描述弹性波传播的准确的三维波动控制方程，但是其直接求解难度极大，目前还没有工程应用案例，大部分研究均集中在数值求解算法[3-5]。本节将介绍另一类简化的 Lamb 波二维频域波动控制方程，考虑单一模态的情况下，可以等效为声波在波导介质中的传播，为此引入几个基本假设。

首先，假设介质是理想流体，没有黏滞性；其次，假设介质是均匀且静止的，也就是没有声波传播时介质的位移为 0；最后，假设声波的振幅很小，具体表现在声压变化比静压强小很多，质点位移远小于波长，密度变化远小于原始密度。在以上假设下建立的声学理论一般称为线性声学理论，它可以解释绝大多数的声学传播问题[6]。

将单一模态的 Lamb 波简化为线性声波的传播问题，首先，本节考虑了一维声波的传播情况，仅考虑 x 方向的传播，理想介质的体单元如图 2.3 所示。该体单元截面积为 S，单元边长为 Δx，密度为 ρ，声波沿 x 轴传播，质点的振动速度为 $v(x)$，压强为 $p(x)$。按照这个设定，假设该体单元上的合力为 F，F 的表达式可由牛顿第二定律获得：

$$F = ma = (\rho \Delta x S) \cdot \frac{\mathrm{d}v}{\mathrm{d}t}$$
(2.23)

其中，m 是体单元的质量；a 是加速度，并且 $\dfrac{\mathrm{d}v}{\mathrm{d}t} = \dfrac{\partial v}{\partial t} + \dfrac{\partial v}{\partial x}\dfrac{\mathrm{d}x}{\mathrm{d}t} = \dfrac{\partial v}{\partial t} + v\dfrac{\partial v}{\partial x}$。

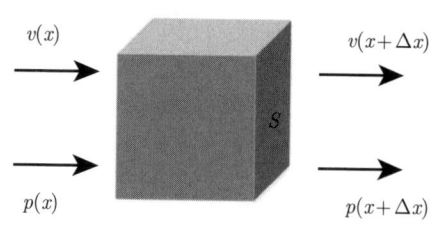

图 2.3　理想介质体单元

同时，体单元两侧存在压强差，可以用来表征合力 F 的另一种表达式：

$$F = (p(x) - p(x + \Delta x)) \cdot S \tag{2.24}$$

将式 (2.23) 与式 (2.24) 进行联立可获得

$$\rho \left(\frac{\partial v}{\partial t} + v \frac{\partial v}{\partial x} \right) = -\frac{\partial p}{\partial x} \tag{2.25}$$

假设声波传播时，密度变化为 $\Delta \rho$，平均密度为 ρ_0，需满足 $\Delta \rho \ll \rho_0$，那么 $\rho = \rho_0 + \Delta \rho \approx \rho_0$。略去高阶小量，则式 (2.25) 可化简为

$$\rho_0 \frac{\partial v}{\partial t} + \frac{\partial p}{\partial x} = 0 \tag{2.26}$$

式 (2.26) 是依据压强变化引起的合力变化和牛顿第二定律导出的第一类质点压强-速度关系式，从质量守恒定律出发，还可以给出质点压强-速度的另一类关系式。依据单位时间内流出体单元的质量等于体单元总质量的减少，可得到

$$S(\rho(x + \Delta x)v(x + \Delta x) - \rho(x)v(x)) = -S\Delta x \frac{\partial \rho}{\partial t} \tag{2.27}$$

式 (2.27) 可调整为 $\dfrac{\rho(x+\Delta x)v(x+\Delta x)}{\Delta x} - \dfrac{\rho(x)v(x)}{\Delta x} = -S\dfrac{\partial \rho}{\partial t}$，令 $\Delta x \to 0$，式 (2.27) 可化简为

$$\frac{\partial (\rho v)}{\partial x} = -\frac{\partial \rho}{\partial t} \tag{2.28}$$

代入 $\rho = \rho_0 + \Delta \rho \approx \rho_0$，略去高阶小量之后，式 (2.28) 可转换为

$$\rho_0 \frac{\partial v}{\partial x} + \frac{\partial (\Delta \rho)}{\partial t} = 0 \tag{2.29}$$

令 $K = \dfrac{\Delta \rho}{\rho_0} \dfrac{1}{p}$，将其定义为绝热压缩系数，则 $\dfrac{\partial (\Delta \rho)}{\partial t} = K\rho_0 \dfrac{\partial p}{\partial t}$，代入式 (2.29)，可得到

$$\frac{1}{K} \frac{\partial v}{\partial x} + \frac{\partial p}{\partial t} = 0 \tag{2.30}$$

2.5 Lamb 波二维频域控制方程

这就是质点压强–速度的第二类关系式。将式 (2.30) 和式 (2.26) 联立，可得到

$$\frac{\partial\left(\frac{1}{\rho_0}\frac{\partial p}{\partial x}\right)}{\partial x}=\frac{\partial\left(K\frac{\partial p}{\partial t}\right)}{\partial t} \tag{2.31}$$

令 $c=\dfrac{1}{\sqrt{\rho_0 K}}$ 代表波速，则式 (2.31) 可化简为[7,8]

$$\frac{\partial^2 p}{\partial x^2}-\frac{1}{c^2}\frac{\partial^2 p}{\partial t^2}=0 \tag{2.32}$$

这就是用声压表征的一维声波波动方程。另外，也可以不选择声压，选择位移 u 进行表征，将式 (2.32) 两端关于 t 进行积分，可得到

$$\Delta\rho=-\rho_0\frac{\partial u}{\partial x} \tag{2.33}$$

由 $c=\dfrac{1}{\sqrt{\rho_0 K}}$ 和 $K=\dfrac{\Delta\rho}{\rho_0}\dfrac{1}{p}$ 可得到

$$p=c^2\Delta\rho \tag{2.34}$$

联立式 (2.26)、式 (2.33) 和式 (2.34) 可得到

$$\frac{\partial^2 u}{\partial x^2}-\frac{1}{c^2}\frac{\partial^2 u}{\partial t^2}=0 \tag{2.35}$$

这是用位移表征的一维声波波动方程，它与式 (2.32) 形式相近，可以任意选择位移或者压强作为波动方程的特征量。本书选择位移，将一维声波波动方程推广至二维，则得到

$$\nabla^2 u(x,y,t)-\frac{1}{c^2}\frac{\partial^2 u(x,y,t)}{\partial t^2}=0 \tag{2.36}$$

其中，$\nabla^2 u=\dfrac{\partial^2 u}{\partial x^2}+\dfrac{\partial^2 u}{\partial y^2}$。方程 (2.36) 是时空域的瞬态声波波动方程，形式较为复杂。为了层析成像算法处理方便，可以认为声波是由一系列单一频率的声波线性叠加而成的[6]，只考虑单一频率状态下声波波动问题，则 $u(x,y,t)$ 可写为

$$u(x,y,t)=u(x,y)\mathrm{e}^{-\mathrm{i}\omega t} \tag{2.37}$$

其中，ω 是角频率。将式 (2.37) 仅保留实部代入式 (2.36) 可得到

$$\nabla^2 u+k^2 u=0 \tag{2.38}$$

其中，$k = \dfrac{\omega}{c} = \dfrac{2\pi}{\lambda}$ 是波数；λ 是波长。对于均匀介质，$k = k_0$ 为常数。式 (2.38) 就是最终推导的单一模态单一频率下的 Lamb 波二维频域波动控制方程。

在处理导波层析成像相关问题时，缺陷区通常认为是一块非均匀介质，在 $\boldsymbol{r} = (x,y)$ 处的波数 $k(\boldsymbol{r})$ 可以看作与内部折射系数 $n(\boldsymbol{r})$ 相关的函数，该函数定义为

$$n(\boldsymbol{r}) = \dfrac{c_0}{c(\boldsymbol{r})} \tag{2.39}$$

其中，c_0 是声波在介质均匀区域的传播速度，对应为 Lamb 波在健康区域传播的相速度；$c(\boldsymbol{r})$ 是 Lamb 波在 $\boldsymbol{r}$ 点处传播的相速度。由式 (2.39) 代入 $k = \dfrac{\omega}{c}$ 可以得到

$$k(\boldsymbol{r}) = k_0(1 + n(\boldsymbol{r})) \tag{2.40}$$

将式 (2.40) 代入式 (2.38) 可获得

$$(\nabla^2 + k_0^2)u(\boldsymbol{r}) = -k_0^2(n(\boldsymbol{r})^2 - 1)u(\boldsymbol{r}) \tag{2.41}$$

可将 $k_0^2(n(\boldsymbol{r})^2 - 1)$ 记为目标函数 $o(\boldsymbol{r})$，其中 $n(\boldsymbol{r})^2 - 1$ 为介质的对比度，它是描述物体内部声学参数 (声速或者折射系数) 的物理量，则式 (2.41) 可变为

$$(\nabla^2 + k_0^2)u(\boldsymbol{r}) = -o(\boldsymbol{r})u(\boldsymbol{r}) \tag{2.42}$$

2.6 本章小结

本章论述并推导了导波检测相关的理论。对于超声导波，以无限大平板为例，从波动方程出发，推导了结构中的 SH 波模态以及 Lamb 波模态，并给出频散曲线；推导了无限大平板远场全空间格林函数，这是边界元法求解导波散射波场的核心要素，并且进一步推导了 Lamb 波二维频域控制方程。在第 5 章中将以此为基础，构建数据驱动模型求解波导结构的格林函数。

参 考 文 献

[1] Achenbach J D. Reciprocity in Elastodynamics[M]. Cambridge: Cambridge University Press, 2003.
[2] Auld B A. Acoustic Fields and Waves in Solids[M]. Moscow: Рипол Классик, 1973.
[3] 李奇, 笪益辉, 王彬, 等. 一种基于深度学习的超声导波缺陷重构方法 [J]. 固体力学学报, 2021, 42(1): 33-44.
[4] 笪益辉. 基于超声导波的管道缺陷分析与重构方法研究 [D]. 南京: 南京航空航天大学, 2018.
[5] 笪益辉, 王彬, 钱征华. 一种求解瑞利波散射问题的修正边界元方法 [J]. 固体力学学报, 2017, 38(5):379-390.

[6] 张海澜. 理论声学 [M]. 2 版. 北京：高等教育出版社，2012.
[7] 刘超. 超声层析成像的理论与实现 [D]. 杭州：浙江大学, 2003.
[8] 刘玉. 超声逆散射层析成像关键技术研究 [D]. 太原：中北大学, 2014.

第 3 章 经典导波检测方法

3.1 引言

超声导波技术作为一种高效的无损检测手段,近年来在工业领域中得到了广泛的关注和应用。在前面章节中,我们探讨了超声导波缺陷检测的研究背景以及导波的基础理论。这些理论为导波技术的实际应用奠定了坚实的基础,推动了各种经典导波检测成像方法的开发与应用。这些方法不仅可以有效地检测材料和结构中的缺陷,还能更直观地显示缺陷的位置和大小,从而为工程领域提供了强大的技术支持。

在众多导波检测方法中,一发一收式导波检测方法因其具有简单性和实用性,被广泛应用于各种结构的缺陷检测中。该方法通过一个发射和一个接收装置来监测导波的传播,利用接收到的导波信号分析缺陷的存在。然而,单一的发射接收方式在信号处理和缺陷定位方面存在一定的局限性,难以应对复杂结构中的多重反射和散射波的干扰。

为了解决这些问题,透射导波二维阵列成像方法应运而生。该方法通过多个发射和接收装置组成阵列系统,可以有效地捕捉到导波在结构中的多路径传播信息。利用这些信息,可以对缺陷进行二维甚至三维成像,从而大幅度提高了检测的分辨率和精度。此外,透射导波二维阵列成像还能够识别复杂形状的缺陷,对于结构健康监测和评估具有重要的应用价值。

随着技术的进一步发展,导波相控阵检测方法成为当前研究的热点。相控阵技术通过控制阵列中各个发射单元的相位差,实现了导波的聚焦和方向性扫描,从而能够对检测区域进行精确的定位和成像。导波相控阵检测不仅提高了缺陷检测的灵敏度,还能有效降低噪声和多路径干扰,是目前较为先进的导波检测技术之一。其在航空航天、石油化工等领域中展现出了广阔的应用前景。

总的来说,随着导波检测技术的发展和应用场景的不断扩展,越来越多的检测方法被提出并应用于实际工程中。本章将详细探讨这些经典导波检测技术的原理、应用以及它们在实际工程中的优势和局限性。通过对比分析不同导波检测方法的特点,我们可以更好地理解导波技术的发展方向,为未来的研究和工程应用提供理论支持和实践指导。

3.2 一发一收式导波检测方法

一发一收式导波成像技术通常采用两个间距固定的探头，通过扫描来进行成像。探头之间的距离一般在 1~8in(1in=2.54cm)。这种技术最早源自 Vary[1] 在 1987 年提出的声学–超声方法。他使用两个超声直探头，通过测量声波幅度的变化来判断待测区域的质量优劣。Rose 等[2] 在 1994 年的研究进一步揭示了声学–超声方法的本质，其实质是利用了超声导波。根据对波源影响的分析，这种方法主要激发出相速度较高区域的波模式。此后，斜入射探头和梳状探头被广泛用于导波扫描成像，以增强模式选择和控制的能力。

图 3.1(a) 展示了使用空气耦合导波来检测板材中是否存在缺陷的实验装置。发射和接收探头都安装在同一个悬臂梁上，对于空气耦合斜入射，单一导波模式的激发与接收遵循斯涅尔定律[3]。因此，在检测过程中，通过机械系统调节和控制探头与试样表面之间的入射与接收角度，从而激发或接收特定的 Lamb 波模式。为了减少传感器的使用数量，实验系统采用了"之"字形扫描的方式，以定位缺陷和损伤。图 3.1(b)[4] 展示了不同位置的探头接收到的信号，利用扫描数据的幅值进行后续成像处理，如图 3.1(c)[4] 所示，图中颜色较深的部分为缺陷所在位置。尽管导波扫描的结果分辨率通常不如 C 扫描，但它的优点在于检测速度更快。

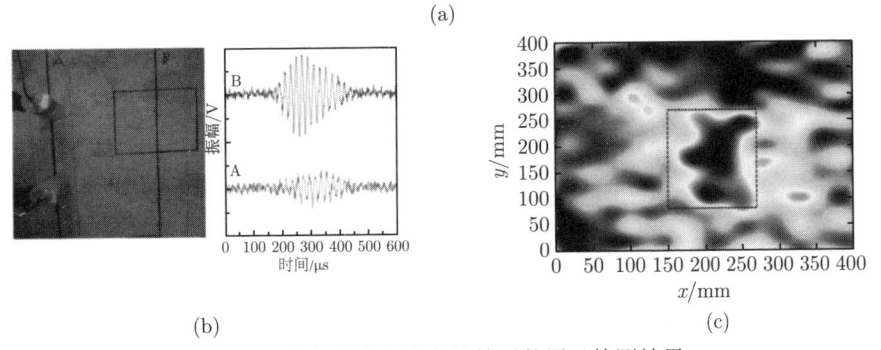

图 3.1 空气耦合超声导波检测装置及检测结果
(a) 空气耦合导波斜探头实验装置；(b) 不同位置的接收信号；(c) 缺陷成像显示

除了空气耦合超声导波技术外，磁致伸缩导波的周向扫查技术也已经在工程中得到了广泛应用，实现了大直径管道缺陷的二维精确定位。该技术主要通过导波的局部加载模型来采集周向信号，并利用合成孔径聚焦算法来提高 B 扫描图像的分辨率，从而推动导波 B 扫成像在工程中的应用。系统包括上位机、导波检测仪和扫查器，如图 3.2(a) 所示。在本书后面所述案例中，使用的是国产磁致伸缩 UG30 超声导波检测仪与 MRCS10 中距离周向扫查器。检测频率为 180 kHz，采用 $T(0,1)$ 导波模式，波速为 3250 m/s。扫查器每次步进 20° 进行数据采集，直到完成 360° 的全周扫查，检测范围为前向 3m，后向 1m。检测与处理结果如图 3.2(b)[5] 所示。研究表明，该技术能够实现缺陷的周向定位，激发能量更加集中，特别适用于小缺陷和大直径管道的检测。在实际应用中，可以将长距离超声导波粗扫与 B 扫成像精扫相结合，以更高效地开展检测工作。

(a)

(b)

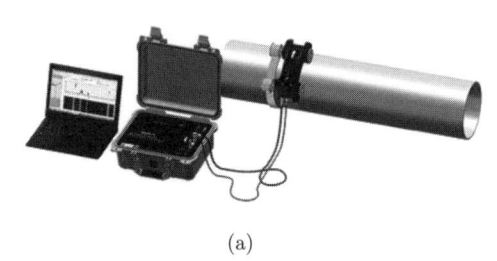

图 3.2 磁致伸缩超声导波 B 扫成像技术在管道缺陷检测中的应用
(a) 磁致伸缩导波 B 扫实验装置；(b) B 扫成像检测结果

3.3 透射导波二维阵列成像方法

尽管一发一收式导波检测方法相比 C 扫在效率上有所提升，但在面对较大检测区域时，仍存在一定的局限性。近年来，透射导波二维成像方法在结构健康监测领域引起了广泛关注，早期的相关研究可以参考文献 [6]~[8]。针对这一技术，已有多种成像算法被提出。在此，我们将重点介绍其中的三种缺陷成像方法，这些方法在复杂结构中的缺陷检测与定位方面表现出色，原理简洁明了，并且已经在工程应用中取得了显著成效。

3.3 透射导波二维阵列成像方法

3.3.1 缺陷成像概率分布方法

缺陷成像概率分布方法 (reconstruction algorithm for probabilistic inspection of damage，RAPID) 是一种用于结构损伤检测的技术。RAPID 方法的主要组成部分包括损伤因子的定义和多路径图像融合。其核心思想 (见图 3.3) 是通过对比受损结构的信号与健康结构的信号，精确识别出结构的损伤情况。当 Lamb 波在传播过程中遇到结构损伤时，会产生反射和衍射，导致 Lamb 波信号发生畸变。RAPID 方法正是通过利用这些畸变信息进行深入分析，从而实现对结构损伤的精确定位和检测。

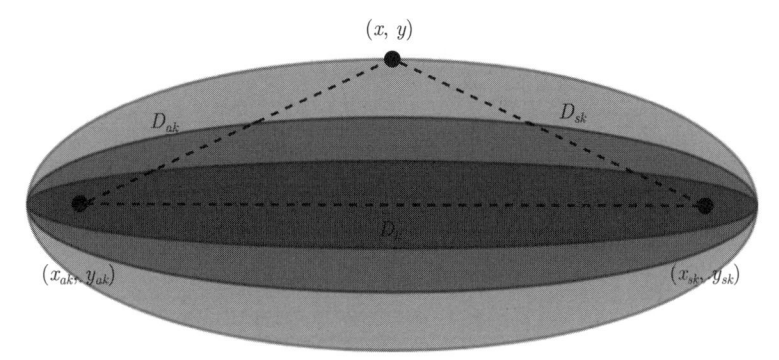

图 3.3　RAPID 方法基本原理

通过计算和分析信号差异系数 (signal difference coefficient，Dc)，可以定量评估健康信号与损伤信号之间的畸变程度。当健康信号与损伤信号的差异较小时，表明该路径距离损伤位置较远，此时 Dc 值接近于 0，损伤概率较低，显示颜色较浅；反之，当健康信号与损伤信号的差异较大时，意味着该路径更接近损伤中心位置，Dc 值趋近于 1，损伤概率较高，显示颜色较深。Dc 的具体表达式为

$$\mathrm{Dc} = 1-\rho = 1-\left(\sum_{n=1}^{N}(X_n-u_x)(Y_n-u_y)\right) \bigg/ \left(\sqrt{\sum_{n=1}^{N}(X_n-u_x)^2}\sqrt{\sum_{n=1}^{N}(Y_n-u_y)^2}\right) \tag{3.1}$$

其中，ρ 表示相关系数；N 为数据记录的点数；X_n 和 Y_n 分别表示健康信号数据和损伤信号数据；u_x 为 X_n 的平均值；u_y 为 Y_n 的平均值。假设在被检测区域的任意位置 (x, y) 上，损伤概率可以用一个包含位置信息的损伤指数 $p_k(x,y)$ 来表示。基于线性递减的椭圆分布假设，在被检测区域的任意位置 (x, y) 处的损伤概率可以通过以下公式进行估算：

$$p(x,y) = \sum_{k=1}^{K} p_k(x,y) = \sum_{k=1}^{K} \mathrm{Dc}_k R_k(x,y) \tag{3.2}$$

其中，K 表示所有传感器对的路径总数；$p_k(x,y)$ 表示第 k 条路径上点 (x,y) 处的损伤概率；$R_k(x,y)$ 为概率分布函数，控制着激励传感器与接收传感器路径周围椭圆区域的范围，其计算公式如式 (3.3) 所示：

$$R_k(x,y) = \begin{cases} (\beta - \mathrm{RD}_k)/(\beta - 1), & \mathrm{RD}_k \leqslant \beta \\ 0, & \mathrm{RD}_k > \beta \end{cases} \tag{3.3}$$

$$\begin{aligned} \mathrm{RD}_k &= (D_{ak} + D_{sk})/D_k \\ &= \left(\sqrt{(x-x_{ak})^2 + (y-y_{ak})^2} + \sqrt{(x-x_{sk})^2 + (y-y_{sk})^2}\right) \\ &\quad \Big/ \sqrt{(x_{ak}-x_{sk})^2 + (y_{ak}-y_{sk})^2} \end{aligned} \tag{3.4}$$

其中，RD_k 为成像点 (x,y) 到激励传感器 (x_{ak}, y_{ak}) 和接收传感器 (x_{sk}, y_{sk}) 的距离之和与激励–接收传感器间距离的比值；β 为椭圆形状因子，通常在实验中取值为 1.05；D_{ak} 为成像点 (x,y) 到第 k 条路径激励传感器的距离；D_{sk} 为成像点 (x,y) 到第 k 条路径接收传感器的距离；D_k 为第 k 条路径中激励传感器到接收传感器的距离。

根据上述 RAPID 方法进行仿真验证，选取铺层角度为 $[0/90]_{2s}$ 交错排列的 CFRP 板作为材料。具体检测阵列如图 3.4(a) 所示，传感器数量为 8 个，选取了其中 20 条传播路径进行缺陷成像。图 3.4(b) 和 (c) 展示了 RAPID 成像的结果[9]，通孔缺陷分别位于 (175,225)mm 和 (270,180)mm 处。结果表明，RAPID 方法在 CFRP 复合材料板缺陷定位方面表现出较好的效果。

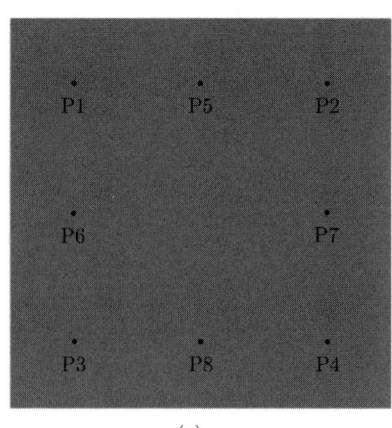

(a)

3.3 透射导波二维阵列成像方法

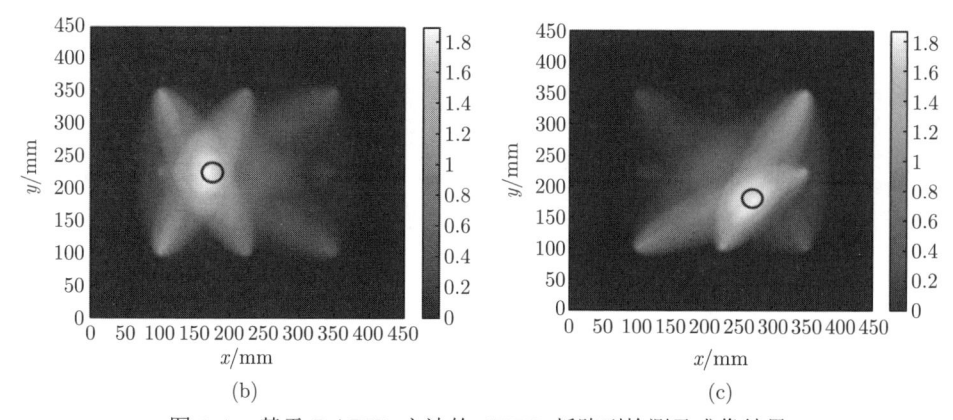

图 3.4 基于 RAPID 方法的 CFRP 板阵列检测及成像结果

(a) 传感器布局示意图；(b) (175,225)mm 缺陷成像；(c) (270,180)mm 缺陷成像

3.3.2 滤波反投影方法

滤波反投影技术是医学 CT 常用的一种成像算法，与之相似的，可将平板抽象为二维单层结构，作为 CT 技术所选取的感兴趣层，该算法成像速度较快，适用于工业大范围检测，可提高效率。最常见的投影方式是平行束投影，但是这种方式对数据量要求严格，且探头位置布置很不灵活，每一次投影都需要重新布置探头，在实际工业生产中极不方便，因此，本书采用的是等角扇束激励–传感阵列。该阵列探测器排布方式采用环形等角分布的形式，由激励源激励出超声导波，其余探头作为接收器，通过依次旋转激励源和接收探测器得到所需的投影数据，等角扇束激励–传感阵列基本排布方式如图 3.5 所示，各接收探测器等弧度排列，对应周角为 γ，S 为点波源。为了方便分析和推导等角扇束滤波反投影的表达式，需要设定很多量，参数设置如图 3.6 所示，其中 β 为中心射线与 y 轴的夹角，OB 垂直于 SA，且长度为 t。

根据图 3.6，则有

$$\theta = \beta + \gamma, \quad t = D\sin\gamma \tag{3.5}$$

由平行束重建公式，在图 3.6 的 t 轴上进行平行投影，假设共有 $2m+1$ 个接收投影点，$-t_m < t < t_m$，则在投影角 θ 下图像重建函数可表示为

$$f(x,y) = \int_0^\pi \int_{-t_m}^{t_m} p(t,\theta)h(x\cos\theta + y\sin\theta - t)\mathrm{d}t\mathrm{d}\theta \tag{3.6}$$

在此基础上，将平行束的积分变量 (t,θ) 替换成扇形束积分变量 (γ,β)，引入坐标变换雅可比矩阵，根据扇束投影性质，选取 R-L 滤波函数，可以得到扇束投

影公式：

$$f(r,\varphi) = \int_0^{2\pi} (1/L^2) \int_{-\gamma_m}^{\gamma_m} P_\beta(\gamma)g(\gamma'-\gamma)D\cos\gamma \mathrm{d}\gamma \mathrm{d}\beta \tag{3.7}$$

其中，$P_\beta(\gamma)$ 为 $\beta-\gamma$ 对应角度下的投影值；L 为点波源到重建像素点 $f(r,\varphi)$ 的距离；$1/L^2$ 为反投影权重；γ' 为通过 $f(r,\varphi)$ 的探测器角度；$g(\gamma'-\gamma)$ 为 R-L 滤波函数。

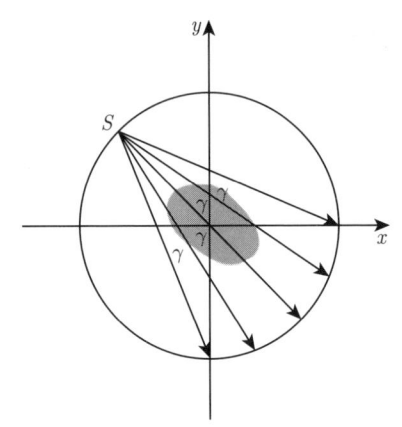

图 3.5 等角射线型阵列

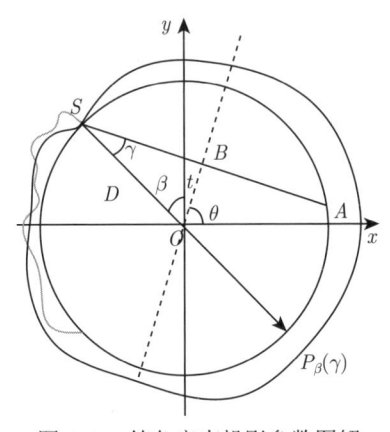

图 3.6 等角扇束投影参数图解

利用 Abaqus 仿真软件，对两种缺陷类型的模型分别进行计算并提取接收信号的投影数据，得到相应的投影信息 [10]。原始模型云图如图 3.7(a) 和 (b) 所示，分别利用幅值衰减矩阵和走时传播信息矩阵作为投影数据，依据式 (3.7) 表述的滤波反投影公式进行成像重构，成像结果如图 3.8(a)~(d) 所示。其中图 3.8(a) 和

3.3 透射导波二维阵列成像方法

(b) 利用走时投影数据，图 3.8(c) 和 (d) 利用幅值衰减投影数据。观察可以发现，滤波反投影算法已经完全能够做到精准且有效地定位。无论利用走时还是利用幅值信息都达到了较好的重建效果，两种投影数据并没有优劣之分。

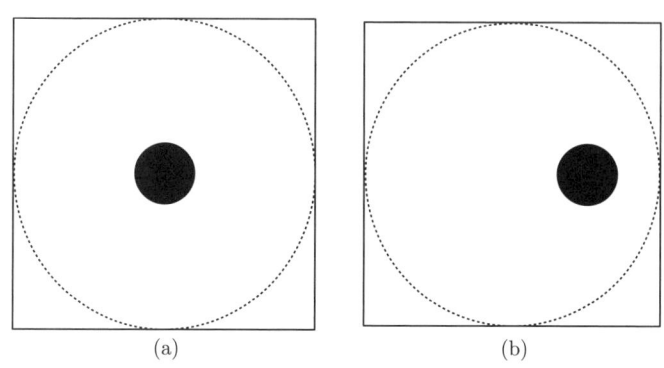

图 3.7 原始缺陷模型
(a) 中心缺陷原始模型；(b) 偏右缺陷原始模型

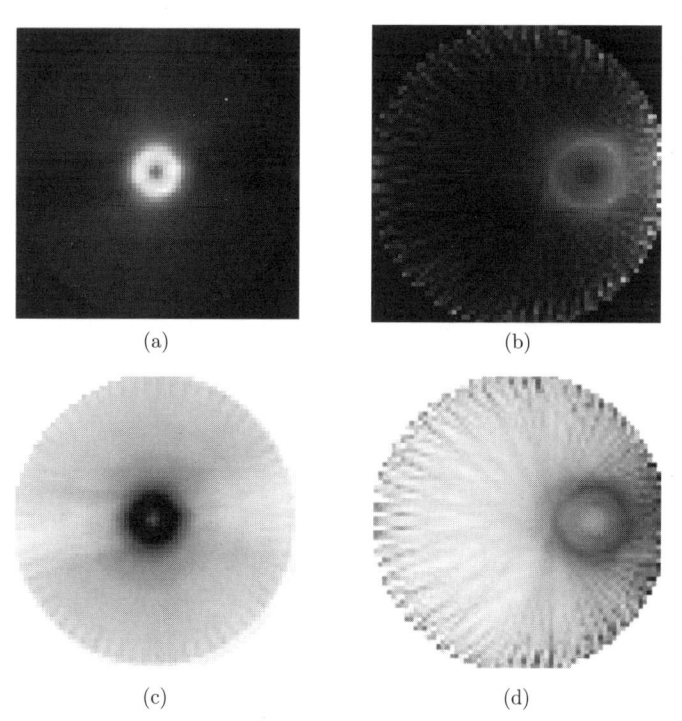

图 3.8 滤波反投影缺陷成像结果
(a) 中心走时投影成像；(b) 偏心走时投影成像；(c) 中心衰减投影成像；(d) 偏心衰减投影成像

3.3.3 衍射层析成像方法

前面介绍的两种成像方法都能够实现缺陷的定位，并且计算效率很高，但是其忽略了声波传播过程中的散射场特征，因而成像分辨率一般。衍射层析成像考虑了更多波场信息，能有效提高缺陷反演质量，下面进行具体的介绍。

不考虑结构密度变化的情况下，在各向同性弹性材料中，声波方程可以写成如下形式[11]：

$$\nabla p(\boldsymbol{x}) - 1/c^2(\boldsymbol{x}) \cdot (\partial^2 p(\boldsymbol{x})/\partial t^2) = 0 \tag{3.8}$$

其中，$p(\boldsymbol{x})$ 是 $\boldsymbol{x}$ 处物理波场的幅值，该场可以是应力场，也可以是物理场；$c(\boldsymbol{x})$ 是 $\boldsymbol{x}$ 处的声速。对式 (3.8) 进行时频变换，可以得到

$$(\nabla^2 + k^2)\varphi = -o(\boldsymbol{x})\varphi \tag{3.9}$$

其中，φ 为物理波场的标量散射势函数 (等于将物理波场 p 进行傅里叶变换)；$k = \omega/c_u = 2\pi f/c_u$，$c_u$ 为均匀介质背景处声波的相速度，ω 为角速度，f 为频率，k 为均匀介质背景处的波数；$o(\boldsymbol{x})$ 为目标函数，其数学表达式如下[12]：

$$o(\boldsymbol{x}) = k^2 \left((c_u/c(\boldsymbol{x}))^2 - 1 \right) \tag{3.10}$$

$o(\boldsymbol{x})$ 作为需要通过缺陷反演算法重构出的目标函数，从数学表达式可以看出，该目标函数与相速度分布有关，所以，在目标函数已知的情况下，可以得到 $\boldsymbol{x}$ 处声波的相速度公式如下：

$$c(\boldsymbol{x}) = c_u/\sqrt{o(\boldsymbol{x})/k^2 + 1} \tag{3.11}$$

引入无缺陷均匀场的解 φ_u，φ_u 代表入射场，根据式 (3.9)，那么就有

$$(\nabla^2 + k^2)\varphi_u = 0 \tag{3.12}$$

同时引入格林函数，作为式 (3.12) 的解：

$$(\nabla^2 + k^2)G_u = \delta \tag{3.13}$$

其中，δ 代表 Dirac 算子，在整个检测区域内有且仅有一个点缺陷时，G_u 即缺陷反演算法的目标函数。在二维情况下，格林函数的表达式如下：

$$G_u^{\text{2D}} = -\text{i}/4 \cdot H_0^{(2)}(k|\boldsymbol{r} - \boldsymbol{r}_0|) \tag{3.14}$$

其中，$\boldsymbol{r}$ 代表导波信号的接收点；$\boldsymbol{r}_0$ 代表导波信号的激发点；$H_0^{(2)}$ 代表第二类 Hankel 函数。根据经典的 Lippmann-Schwinger 方程，结合式 (3.9)、式 (3.12) 和

3.3 透射导波二维阵列成像方法

式 (3.13)，可以导出

$$\varphi = \varphi_u - \int_\Omega G_u o(\boldsymbol{x})\varphi \mathrm{d}\boldsymbol{x} \tag{3.15}$$

其中，$\boldsymbol{x}$ 为检测点的位置；φ 为总场；φ_u 为入射场；Ω 为目标缺陷所占空间；$o(\boldsymbol{x})$ 为目标函数。如图 3.9 所示的含缺陷物理模型，布置一圈环形阵列探头，一个探头激发时，其余所有探头接收导波信号，依次遍历所有探头，采集波场信号。

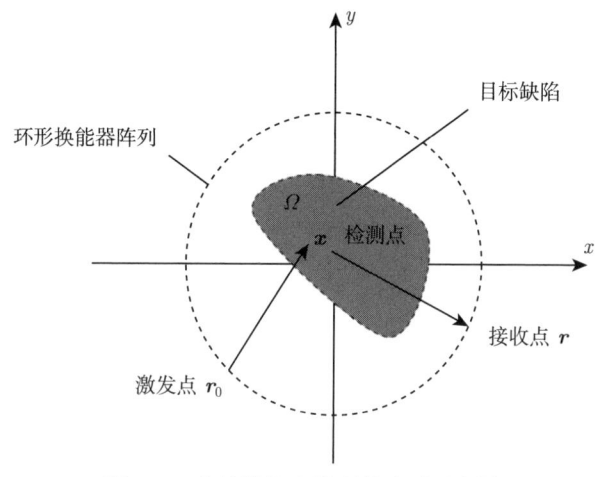

图 3.9 含缺陷物理模型的阵列示意图

若有一入射场 φ_u 满足式 (3.12) 经过空间中一个有缺陷的区域，由于缺陷的存在，那么该场在传播过程中会发生散射。为了求解出目标函数 $o(\boldsymbol{x})$，引入 Born 近似 [13]，在弱散射情况下，入射场 φ_u 和散射场 φ_s 共同组成了整个波场 φ，近似表示为

$$\varphi_s = \varphi - \varphi_u \tag{3.16}$$

联立式 (3.15) 和式 (3.16)，可以得到散射场 φ_s 的表达式为

$$\varphi_s(\boldsymbol{r}_0, \boldsymbol{r}) = -\int_\Omega G_u o(\boldsymbol{x})\varphi_u \mathrm{d}\boldsymbol{x} = -\int_\Omega G_u(\boldsymbol{r}, \boldsymbol{x})o(\boldsymbol{x})\varphi_u(\boldsymbol{r}_0, \boldsymbol{x})\mathrm{d}\boldsymbol{x} \tag{3.17}$$

用等效的格林函数代替 $\boldsymbol{r}_0$ 处激发的入射场，则从激发点到接收点的散射场为

$$\varphi_s(\boldsymbol{r}_0, \boldsymbol{r}) = -\int_\Omega G_u(\boldsymbol{r}, \boldsymbol{x})o(\boldsymbol{x})G_u(\boldsymbol{r}_0, \boldsymbol{x})\mathrm{d}\boldsymbol{x} \tag{3.18}$$

假设检测区域内仅有一个点散射体，那么式 (3.18) 可改写为

$$\varphi_s(\boldsymbol{r}_0, \boldsymbol{r}) = G_u(\boldsymbol{r}, \boldsymbol{x}) o(\boldsymbol{x}) G_u(\boldsymbol{r}_0, \boldsymbol{x}) \tag{3.19}$$

其中，$o(\boldsymbol{x})$ 为在 $\boldsymbol{x}$ 处点散射体的目标函数，在单发单收情况下，可以表示为

$$o(\boldsymbol{x}) = \varphi_s(\boldsymbol{r}_0, \boldsymbol{r}) / (G_u(\boldsymbol{r}, \boldsymbol{x}) G_u(\boldsymbol{r}_0, \boldsymbol{x})) \tag{3.20}$$

在实际波束成形算法的物理模型中，依次遍历所有激发探头，采用单发多收的情况，所以将式 (3.20) 改写为

$$\int_{\mathrm{BF}} o(\boldsymbol{x}) = \int_s \int_s \varphi_s(\boldsymbol{r}_0, \boldsymbol{r}) / (G_u(\boldsymbol{r}, \boldsymbol{x}) G_u(\boldsymbol{r}_0, \boldsymbol{x})) \mathrm{d}\boldsymbol{r}_0 \mathrm{d}\boldsymbol{r} \tag{3.21}$$

式 (3.21) 即波数成形算法目标函数的表达式，其中 s 为换能器路径，通过计算每一个检测点处目标函数 $\int_{\mathrm{BF}}$ 的大小，判断该处是否存在缺陷。在波数成形算法的基础上，Simonetti 和 Huang 通过引入物空间坐标和像空间坐标证明对于环形阵列而言，波束成形和衍射层析成像在波数域存在一种线性映射关系[14]：

$$I_{\mathrm{BF}}(\Omega) = G(\Omega) I_{\mathrm{DT}}(\Omega) \tag{3.22}$$

其中，$I_{\mathrm{BF}}(\Omega)$ 是波束成形图像的二维傅里叶变换；$I_{\mathrm{DT}}(\Omega)$ 是衍射层析成像图像的二维傅里叶变换；$G(\Omega)$ 是一个滤波函数，$G(\Omega) = 8\pi^2 \prod / \left(k_u |\Omega| \sqrt{1 - |\Omega|^2/(4k_u^2)}\right)$。因此，求解衍射层析成像图像分两步，首先求得波束成形图像，将其转化到波数域，然后进行二维傅里叶逆变换即可得到衍射层析成像图像。

在算法建立之后，可以通过仿真手段验证其有效性。图 3.10(a) 和 (b) 展示了理论模型的厚度云图，其中包含一个偏心圆形缺陷和一个三角形缺陷。偏心圆形缺陷的圆心坐标为 (80mm, 0)，半径为 40mm，剩余厚度为 1mm；三角形缺陷的中心位于 (0,0)，边长为 80mm。成像结果如图 3.11(a) 和 (b) 所示。从结果可以看出，圆形缺陷的重构效果更为理想。这是因为该方法受限于 Born 近似，对于复杂模型的重构存在一定的局限性。然而，与 RAPID 和滤波反投影方法相比，该方法在成像分辨率上有所提升。

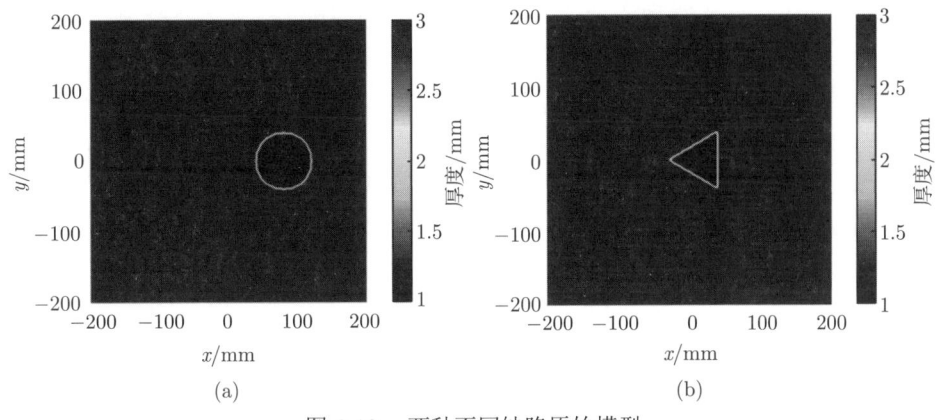

图 3.10　两种不同缺陷原始模型
(a) 偏心圆形缺陷原始模型；(b) 三角形缺陷原始模型

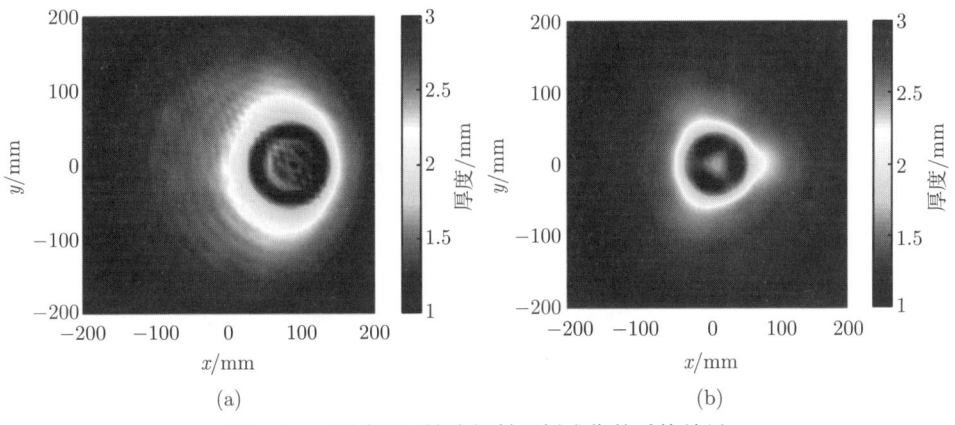

图 3.11　两种不同缺陷衍射层析成像的重构结果
(a) 偏心圆形缺陷重构结果；(b) 三角形缺陷重构结果

3.4　导波相控阵检测方法

相控阵属于密集型传感阵列，可独立控制各阵元的信号激励与采集，在超声导波检测中已取得相关应用。它利用多个发射和接收元件组成的阵列，通过精确控制每个元件的相位和振幅，可以形成可调谐的波束和聚焦点 (见图 3.12)，从而实现对板材内部或表面的高分辨率成像和精准定位。

在如图 3.13 所示的案例[15]中，传感阵列中的 PZT 阵元的中心间距为 9mm，每个 PZT 阵元为直径 8mm、厚度 0.5mm 的圆片。在试验中，设置了两种缺陷情形：单一缺陷和双重缺陷。对于单一缺陷的测试结构，缺陷 (即人工预制的裂纹)

位于图 3.13 中标注为位置 a 处，中心坐标为 [150, 150]mm。在双重缺陷情况下，缺陷为人工表面缺陷，其具体位置如图 3.13 中标注为 b 和 c 处，中心坐标分别为 [75, 150]mm 和 [−150, 150]mm。为了模拟表面缺陷，表面缺陷通过磁铁吸附的方式改变了被测结构表面局部的声阻抗。

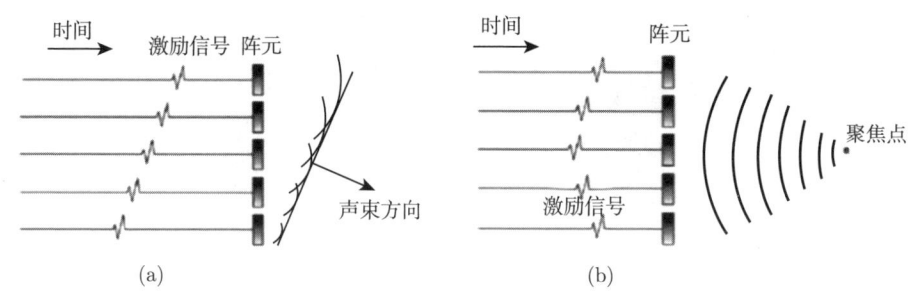

图 3.12 超声相控阵偏转波束及聚焦点的形成原理
(a) 偏转声波束形成示意图；(b) 聚焦声波束形成示意图

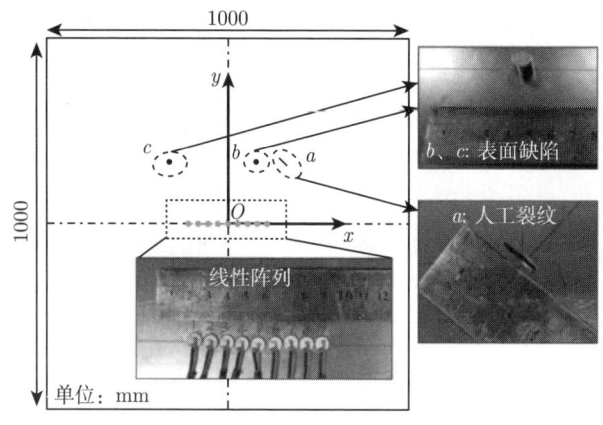

图 3.13 待检测铝板结构、阵列及缺陷示意图

为了对缺陷进行成像，首先需要对被测结构中的感兴趣区域进行网格划分，并将每个网格点视为潜在的缺陷散射源，依次进行加权全聚焦成像。当被测结构中仅存在单一裂纹时，得到的成像结果如图 3.14(a) 所示。成像结果中，圆点表示传感阵列中阵元的实际位置，圆圈表示裂纹的实际中心位置。为了保证成像图中颜色最亮点的像素值为 1，成像结果在输出前进行了最大值归一化处理。从图 3.14(a) 中可以看出，高亮区域与人工裂纹的实际位置吻合良好 (缺陷成像的中心位置为 [149, 153]mm，定位误差为 3.16mm)，证明了所提出方法能够实现单一缺陷的成像。此外，在传感阵列附近以及位于 [200, 96]mm 附近出现了一些像素值较小的成像噪声。造成这些噪声的原因有两个：一是直达波信号的干扰 (信号

从激励阵元沿直线直接传播至接收阵元所产生的响应信号)。二是在所激发的信号频带范围内，虽然 A0 模式的 Lamb 波占主导，但仍存在少量的 S0 模式 Lamb 波。此外，A0 模式的 Lamb 波在与人工裂纹相互作用时会发生模态转换，导致部分入射的 A0 模式 Lamb 波转化为 S0 模式 Lamb 波，从而对聚焦成像结果产生干扰。

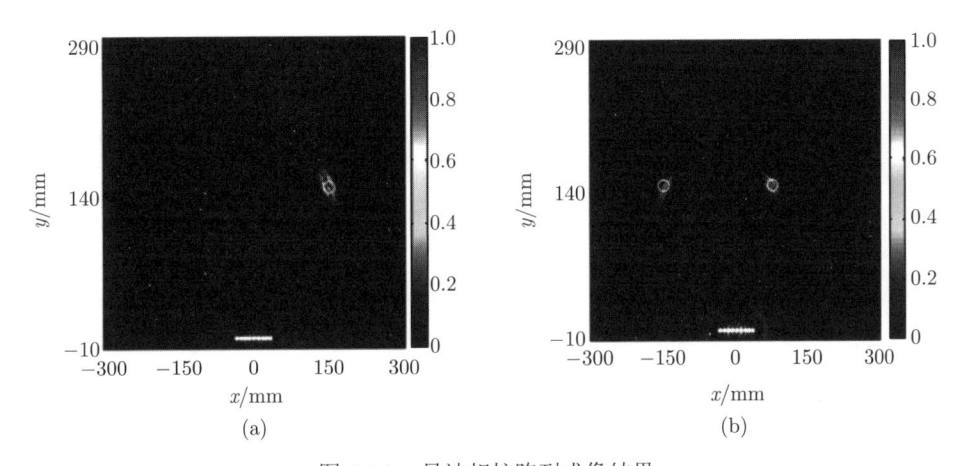

图 3.14　导波相控阵列成像结果
(a) 单一缺陷成像结果；(b) 双重缺陷成像结果；成像图例代表的是缺陷出现的概率，数值越大，越有可能出现缺陷

为了进一步验证所提方法的有效性，对存在两个表面缺陷的被测结构进行了成像。成像区域和网格划分与单一缺陷情形保持一致，最终的最大值归一化成像结果如图 3.14(b) 所示。两处表面缺陷均能准确成像，并且图中右侧缺陷 (缺陷 b，成像的中心位置为 [71, 151]mm，定位误差为 4.12mm) 的像素值高于图中左侧缺陷 (缺陷 c，成像的中心位置为 [−147, 147]mm，定位误差为 3.24mm) 的像素值。此外，图 3.14(b) 中也出现了轻微的成像噪声，这与图 3.14(a) 中的结果类似，主要是由 S0 模式 Lamb 波的影响所致。

3.5　本　章　小　结

本章详细探讨了几种经典的导波检测方法，并深入分析了它们在实际应用中的优缺点。一发一收式导波检测方法因其操作简便、设备需求较低，已经在广泛的工业场景中得到应用。然而，该方法在处理大面积结构时，面临检测效率低和成像精度有限的挑战，尤其是在复杂几何形状和多重反射波的情况下表现出一定的局限性。为应对这些不足，透射导波二维阵列成像方法应运而生。该方法通过多角度、多方向的波场信息采集，实现了更高分辨率的图像重构，特别是在检测复杂缺陷形状时，衍射层析成像显示出显著的优势，为解决难以检测的隐蔽缺陷提供了可能。导波相控阵检测方法则利用了相控阵列的灵活性与精确性，通过对导波的实时控制与调整，实现了导波的聚焦和定向传播，使得检测精度和效率显著提高。此方法在较为复杂的工程结构中，如航空航天、核电站等关键领域，展现出卓越的应用潜力，成为导波检测领域的重要技术突破。

通过对一发一收式导波检测、透射导波二维阵列成像和导波相控阵检测这三种经典方法的对比分析，我们不仅深化了对导波技术的理解，明确了各方法在不同应用场景中的适用性，也为未来的研究提供了新的思路和方向。这些技术方法为工程实践中的结构健康监测、缺陷识别与定位提供了坚实的理论基础和实践指导，有助于进一步推动导波检测技术的发展与应用。

参 考 文 献

[1] Vary A. The Acousto-Ultrasonic Approach[M]. Cleveland: NASA Technical Memorandum, Lewis Research Center, 1987.

[2] Rose J L, Ditrj J, Pilarski A. Wave mechanics in acousto-ultrasonic nondestructive evaluation[J]. Journal of Acoustic Emission, 1994, 12(1/2):23-26.

[3] Qian Z, Li P, Wang B, et al. A novel wave tomography method for defect reconstruction with various arrays[J]. Structural Health Monitoring, 2024,23(1):25-39.

[4] 吴刚, 李再帏, 朱文发. 混凝土结构层间缺陷空耦导波检测方法研究 [C]. 中国声学学会 2017 年全国声学学术会议论文集, 哈尔滨, 2017: 523-524.

[5] 许波, 张子健, 柴军辉, 等. 超声导波 B 扫成像技术在压力管道腐蚀检测中的应用 [J]. 化工机械,2022,49(1):156-159.

[6] Bian H, Rose J L. Sparse array ultrasonic guided wave tomography[J]. Materials Evaluation, 2005, 63:1035-1038.

[7] Jansen D P, Hutchins D A. Lame wave tomography of advanced composite laminates containing damage[J]. Ultrasonics, 1994, 32(2):83-89.

[8] Prasad S M, Balasubramaniam K, Krishnamurthy C V. Structural health monitoring of composite structures using Lamb waive tomography[J]. Smart Materials and Structures, 2004, 13(5):N73-N79.

[9] 文学. 基于 Lamb 波的碳纤维复合材料无损检测定位方法研究 [D]. 德阳：中国民用航空飞行学院, 2024.

[10] 刘文龙. 基于电磁超声导波的铝板缺陷层析成像方法研究 [D]. 桂林：桂林电子科技大学, 2020.

[11] Huthwaite P E. Quantitative imaging with mechanical waves[D]. London: Imperial College London, 2012.

[12] Born M, Wolf E. Principles of Optics[M]. Cambridge: Cambridge University Press, 1999：77-78.

[13] Kak A C, Slaney M, Wang G. Principles of computerized tomographic imaging[J]. Medical Physics, 2002, 29(1): 107.

[14] Simonetti F, Huang L. From Beamforming to diffraction tomography[J]. Journal of Applied Physics, 2008, 103(10): 103-110.

[15] 许才彬, 左浩, 陈一馨. 超声导波相控阵脉冲压缩全聚焦缺陷成像方法 [J]. 振动与冲击, 2024, 43(11):50-57.

第 4 章 深度学习算法简介

4.1 引言

对于导波检测深度学习理论与模型部分，首先介绍深度神经网络模型原理和构架，包含卷积神经网络以及残差神经网络的原理以及相关结构参量；然后论述流形学习数据分析与降维的原理，从数学中的拓扑流形理论出发，推导机器学习中输入和输出数据的流形变换关系；推导 t-SNE 数据可视化算法，分析其非线性降维原理及对本书相关研究的作用；最后介绍去噪自编码器的结构和原理，从流形的角度对其去噪过程进行分析，并阐述其与本书所提方法的关系。

除了超声导波的相关理论和机理，深度学习等人工智能算法也是研究基于数据驱动导波缺陷重构方法中的另一项重要内容。在本章的研究中，所涉及的深度学习算法模型包含卷积神经网络、残差神经网络、编码-解码神经网络以及 t-SNE 流形学习算法等，接下来对这些算法模型机理进行说明，为后续相关的研究建模建立理论基础。

4.2 深度学习神经网络框架

人工神经网络 (artificial neural network, ANN) 是一种模仿生物神经网络结构和功能的数学模型，由大量的人工神经元相互连接组成，通过调整神经元之间的连接权重，利用样本数据促进网络学习能力，使其能够对输入信息进行处理和分析，从而实现模式识别、数据分类、函数拟合等智能任务[1]。在传统的超声导波检测研究中，无论正散射波场的求解或是逆散射缺陷重构，都是以导波的物理机理为基础构建相应的算法模型，而研究基于深度学习的导波检测时，则是以人工神经网络为载体，利用相关的样本数据对其训练，使其学习到关于结构缺陷的相关信息，形成相应的计算模型和重构映射。本章利用全连接神经网络研究导波正散射波场的求解，利用以卷积神经网络为基础的残差神经网络以及编码–投影算子–解码网络研究逆散射缺陷重构，以下将对这些算法模型的机理进行简要说明。

4.2 深度学习神经网络框架

1. 卷积神经网络

卷积神经网络 (convolutional neural network, CNN) 是一种专门用于处理多维数组数据，如图像、语音等的深度学习模型[2]，其基本思想是利用数据的局部连接、权重共享、池化和多层结构等特性，通过卷积、池化等操作提取数据的空间特征。卷积神经网络最早由 LeCun 等[3] 在 20 世纪 90 年代提出，并在手写数字识别等任务上取得了突破性进展。此后，随着计算能力的增强和训练数据的增多，卷积神经网络的性能不断提升，结构也日益复杂，2012 年 AlexNet 在 ImageNet 图像分类竞赛中的胜出标志着深度学习的崛起[4]。如今，卷积神经网络已经在计算机视觉、语音识别、自然语言处理等多个领域取得了广泛应用和巨大成功，成为当前人工智能领域最重要的工具之一[5]。

卷积神经网络通常由若干个卷积层、池化层以及全连接层交替堆叠而成。卷积层是卷积神经网络的核心组成部分，其目的是利用卷积操作对输入的多维数组数据进行特征提取。卷积层通过局部连接和权重共享的方式，有效地减少了网络的参数数量，并具有一定的平移不变性，使其能够高效地学习数据的空间特征表示。卷积操作是信号处理领域的一种常见数学运算，用于计算两个函数 (通常称为输入和卷积核) 的乘积并叠加的结果。对于二维离散情况，卷积操作可以定义为

$$(f * g)(i, j) = \sum_{m} \sum_{n} f(m, n) g(i-m, j-n) \tag{4.1}$$

其中，f 为输入信号；g 为卷积核；(i, j) 为输出位置坐标；$*$ 表示卷积操作。卷积核是一个小的权重矩阵，在卷积层中用于提取输入数据的局部特征。卷积核在输入特征图上以一定的步长 (stride) 滑动，对覆盖的局部区域进行加权求和，得到输出特征图 (feature map)。图 4.1 展示了卷积操作的过程。

卷积层包含的关键参数有：卷积核大小 (kernel size)，即卷积核的高度和宽度，常见的有 3×3、5×5 等；步幅为卷积核在输入特征图上滑动的步长，步幅为 1 表示逐个像素滑动，为 2 表示每次跳过 1 个像素；填充 (padding)，表示在输入周围添加若干圈 0 值像素，使卷积后的输出尺寸与输入相同，常用 "same" 表示，不填充称为 "valid"；输入和输出通道数，每个卷积层有多个卷积核，每个核生成一个输出特征图，输入和输出的通道数分别等于上一层输出特征图和本层卷积核的个数。最终模型的输出尺寸可通过下列公式计算得到：

$$\begin{aligned} H_{\text{out}} &= \left\lfloor \frac{H_{\text{in}} + 2 \times \text{padding} - \text{kernel\_size}}{\text{stride}} \right\rfloor + 1 \\ W_{\text{out}} &= \left\lfloor \frac{W_{\text{in}} + 2 \times \text{padding} - \text{kernel\_size}}{\text{stride}} \right\rfloor + 1 \end{aligned} \tag{4.2}$$

其中，H_{in} 和 W_{in} 分别为输入特征图的高度和宽度；H_{out} 和 W_{out} 分别为输出特征图的高度和宽度。

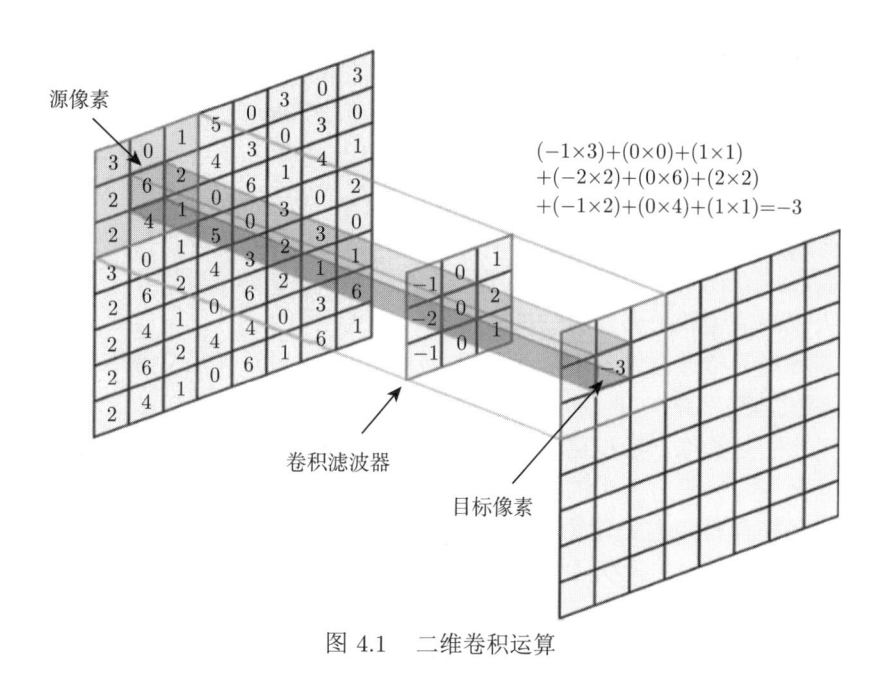

图 4.1　二维卷积运算

激活函数是神经网络中的一个重要组成部分，其主要作用是在神经元的加权求和结果中引入非线性因素，增强网络的表达能力。本章的研究中主要用到的激活函数有双曲正切函数 (tanh) 和修正线性单元 (ReLU)。tanh 函数是一种 S 型函数，其定义为

$$\tanh(x) = \frac{\mathrm{e}^x - \mathrm{e}^{-x}}{\mathrm{e}^x + \mathrm{e}^{-x}} \tag{4.3}$$

其函数图像如图 4.2 所示。tanh 函数的值域为 $(-1, 1)$，输出均值接近 0，因此常用于隐藏层的激活函数。ReLU 是目前最常用的激活函数，其定义为

$$\mathrm{ReLU}(x) = \max(0, x) \tag{4.4}$$

即如果输入大于 0，则输出等于输入，否则输出为 0，如图 4.2 所示。ReLU 具有计算简单、收敛速度快、有效缓解梯度消失等优点，因此被广泛应用于各种深度神经网络。

4.2 深度学习神经网络框架

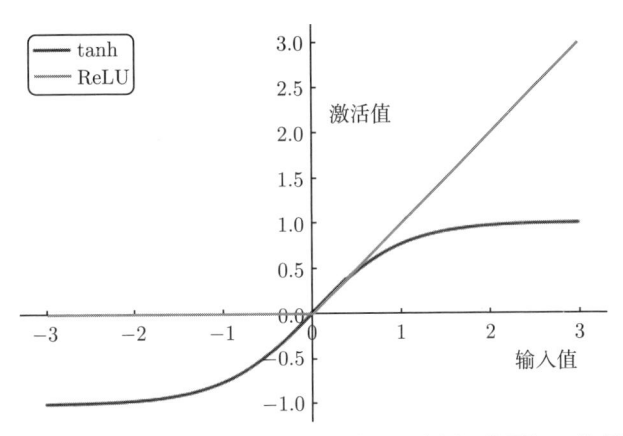

图 4.2 双曲正切函数和修正线性单元示意图 (彩图扫二维码)

池化层是卷积神经网络中常用的一种下采样方法,其目的是逐步减小特征图的空间尺寸,从而降低网络的参数量和计算复杂度,同时增强特征的平移不变性和鲁棒性。池化操作是对输入特征图的局部区域进行某种凝聚操作,用一个标量值来代表该区域的特征。假设输入特征图为 X,池化窗口大小为 $m \times n$,步长为 s,则池化操作可以定义为

$$P_{i,j} = \text{pool}\left(X\left[i:i+m, j:j+n\right]\right) \tag{4.5}$$

其中,pool 表示选定的池化方式;(i, j) 为池化窗口在输出特征图 P 上的位置。常见的池化方式有最大池化 (max pooling) 和平均池化 (average pooling) 两种。最大池化定义为取池化窗口内所有元素的最大值作为输出:

$$P_{i,j} = \max_{(s,t) \in (i:i+m, j:j+n)} X_{s,t} \tag{4.6}$$

最大池化能够保留特征图中最显著的特征响应,具有一定的特征选择作用。平均池化是取池化窗口内所有元素的平均值作为输出,其定义为

$$P_{i,j} = \frac{1}{mn} \sum_{s=i}^{i+m-1} \sum_{t=j}^{j+n-1} X_{s,t} \tag{4.7}$$

平均池化对特征图中的所有元素一视同仁,能够有效降低特征图的尺寸。

全连接层 (fully connected layer) 是卷积神经网络中的一种常见层类型,通常位于网络的末端,用于整合卷积层和池化层提取的局部特征,生成最终的类别分数或回归值。全连接层中的每个神经元都与上一层的所有神经元相连,因此得名

"全连接"。设全连接层的输入为 $\boldsymbol{x} \in \mathbf{R}^u$,权重矩阵为 $\boldsymbol{W} \in \mathbf{R}^{v \times u}$,偏置向量为 $\boldsymbol{b} \in \mathbf{R}^v$,激活函数为 f,则全连接层的输出 $\boldsymbol{y} \in \mathbf{R}^v$ 可以表示为

$$\boldsymbol{y} = f(\boldsymbol{Wx} + \boldsymbol{b}) \tag{4.8}$$

其中,u 和 v 分别为全连接层的输入和输出维度。全连接层在卷积神经网络中起着重要作用,它通过将卷积层和池化层提取的局部特征进行整合,生成更加全局和高层的特征表示,使网络能够学习到输入数据的紧凑表示;同时,全连接层也充当着分类器的角色,通过学习一组分类超平面,对不同类别的数据进行区分;此外,全连接层还可以将高维特征图转换为低维特征向量,实现特征空间的降维,并通过非线性变换增强网络的表达能力,使其能够处理复杂的模式识别任务。

卷积神经网络的训练是一个复杂的过程,涉及损失函数的选择、优化算法的设计、正则化技术的应用以及超参数的调优等多个方面。损失函数衡量了模型预测值与真实值之间的差异,是训练神经网络的优化目标,均方误差 (mean squared error, MSE) 是最常见的损失函数:

$$L_{\mathrm{MSE}} = \frac{1}{N} \sum_{i=1}^{N} (y_i - \hat{y}_i)^2 \tag{4.9}$$

其中,y_i 和 $\hat{y}_i$ 分别为第 i 个样本的真实值和预测值。

优化算法用于最小化损失函数,更新网络的权重和偏置,如随机梯度下降 (stochastic gradient descent, SGD)[6]:

$$w_{t+1} = w_t - \eta \cdot \nabla L(w_t) \tag{4.10}$$

其中,w_t 为第 t 次迭代的权重;η 为学习率;$\nabla L(w_t)$ 为损失函数在 w_t 处的梯度。

正则化技术用于控制模型复杂度,降低过拟合风险。常用的正则化技术包括 L1 正则化、L2 正则化、Dropout、早停 (early stopping) 等。

超参数是模型训练过程中需要手动设置的参数,如学习率、批量大小、正则化强度等。超参数的选择对模型性能有重要影响。常用的超参数调优策略包括网格搜索 (grid search)[7]、随机搜索 (random search)[8]、贝叶斯优化 (Bayesian optimization)[9] 以及自动机器学习 (AutoML)[10] 等,合理的超参数调优策略可以在有限的计算资源下,快速找到性能优异的模型配置。

2. 残差神经网络

随着深度神经网络的发展,网络的深度也变得越来越大,然而,简单地增加网络深度并不总能带来性能的提升,反而可能导致梯度消失或梯度爆炸问题,使得

4.2 深度学习神经网络框架

深层网络难以训练。此外,实验发现,过深的网络还会遇到退化问题 (degradation problem),即随着网络深度的增加,训练误差上升,模型性能反而下降。为了解决这些问题,He 等 [11] 在 2016 年提出了残差神经网络 (ResNet)。ResNet 的核心思想是引入残差学习 (residual learning),即在网络的某些层上添加恒等映射 (identity mapping),使得这些层学习输入与输出之间的残差函数,而不是直接学习输入到输出的映射。通过残差学习,ResNet 能够在更深的网络中传播梯度信息,缓解梯度消失问题,同时也使得网络更容易学习恒等映射,从而缓解退化问题。

相比于一般的前馈型神经网络,残差神经网络的核心在于模型中的残差块,其核心思想是在传统的卷积层之间引入短路连接 (skip connection),使得网络能够学习输入与输出之间的残差函数,而不是直接学习输入到输出的映射。图 4.3 展示了残差块的结构示意图。

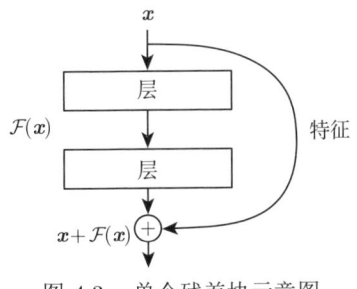

图 4.3 单个残差块示意图

设残差块的输入为 x,期望的输出映射为 $\mathcal{H}(x)$,则残差块可以表示为

$$\begin{cases} \mathcal{F}(x) := \mathcal{H}(x) - x \\ \mathcal{H}(x) = \mathcal{F}(x) + x \end{cases} \quad (4.11)$$

其中,$\mathcal{F}(x)$ 表示残差函数,通常由两到三个卷积层组成。

残差块中的短路连接为提升网络的性能起到关键性作用。首先,短路连接为梯度提供了一条 "高速公路",使得梯度能够直接从后面的层传递到前面的层,缓解了梯度消失问题;其次,对于一个已经很深的网络,如果继续增加网络深度,性能反而下降,这称为退化问题,短路连接确保了在增加网络深度时,性能至少不会下降。基于残差块,残差神经网络可以构建非常深的网络结构,如 ResNet-50、ResNet-101 等,图 4.4 展示了 50 层残差神经网络 (ResNet-50) 的整体架构。可以看出,ResNet-50 包含了多个残差块,每个残差块由若干卷积层和短路连接组成。网络的前面部分使用较小的卷积核和步长进行特征提取,后面部分则使用较大的卷积核和步长进行特征融合和下采样。

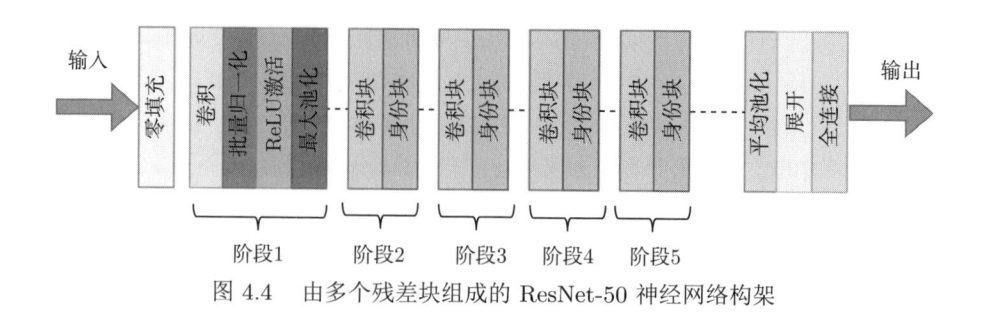

图 4.4　由多个残差块组成的 ResNet-50 神经网络构架

残差神经网络的深度与性能之间存在着紧密的关系。一般来说，随着网络深度的增加，模型的性能也会提升，这是因为更深的网络能够学习到更加抽象和高层次的特征表示，从而更好地捕捉数据中的内在规律。然而，简单地增加网络深度并不总能带来性能的提升，因为过深的网络可能遇到梯度消失或退化问题，导致训练困难和性能下降。残差神经网络通过引入残差学习，有效地解决了深度网络的训练难题。表 4.1 展示了不同深度的残差神经网络在 CIFAR-10 数据集上的性能比较。可以看出，随着网络深度的增加（从 20 层到 110 层），残差神经网络的性能也提升，并且一直保持着较高的精度水平。这证明了残差学习能够有效地训练超深度网络，使其在复杂任务上取得优异表现。

表 4.1　不同深度 ResNet 在 CIFAR-10 数据集上图像分类性能对比

层数	参量/%	误差/%
20	0.27	8.75
32	0.46	7.51
44	0.66	7.17
56	0.8	6.97
110	1.7	6.43

4.3　流形学习数据分析与降维

流形学习 (manifold learning) 是一种非线性降维方法，其基本假设是高维数据集中的数据点实际上位于一个低维流形上。流形学习旨在从高维数据中发现这个内在的低维流形结构，并将数据映射到低维空间，同时保持数据点之间的重要特征和关系。流形学习的概念源自 20 世纪 90 年代，随后在 21 世纪初得到了广泛的发展和应用。截至目前，性能较好的流形学习算法包括等距映射 (Isomap)[12]、局部线性嵌入 (LLE)[13]、拉普拉斯特征映射 (LE)[13]、t-分布随机邻域嵌入 (t-SNE)[14]等。流形学习在许多领域都具有重要的研究意义，如数据可视化、图像处理、语音识别、生物信息学等，它为处理高维非线性数据提供了有效的工具，并为深度

4.3 流形学习数据分析与降维

学习的发展奠定了基础。在本书的工作中,将深度学习算法应用于解决超声导波结构缺陷重构问题时,会面临如何实现对导波多模态散射场信号的有效分析以及如何构建具有针对性的缺陷重构神经网络算法模型两项核心问题,为了解决两项问题,本章将流形学习的相关算法理论引入数据驱动导波缺陷重构的研究中,从拓扑流形的角度对导波散射场数据进行全面分析,并构建出神经网络形式的流形学习降维重构模型,实现了结构缺陷的高性能重构。本节将对本章研究所涉及的流形学习算法和理论进行介绍,包含流形学习的原理、经典流形算法以及流形学习深度网络算法。

1. 数据驱动模型的流形表征

在数学上,流形 (manifold) 是一个抽象的空间概念,它在局部上看起来像欧几里得空间,但在全局上可能具有更复杂的拓扑结构。直观地说,流形可以看作一个光滑的曲面或曲线,虽然它嵌入在高维空间中,但实际上只有少数几个自由度。从数学上定义,一个 d 维流形 $\mathcal{M}$ 是一个拓扑空间,对于其中的每一点 x,存在一个开邻域 U_x 同构于 d 维欧几里得空间中的开集 V_x,即存在一个映射 $\phi_x : U_x \to V_x$,使得 U_x 和 V_x 是一个同胚。

$$\phi_x : U_x \subset \mathcal{M} \to V_x \subset \mathbf{R}^d \tag{4.12}$$

其中,映射 ϕ_x 被称为流形 $\mathcal{M}$ 在点 x 处的坐标卡。直观地说,坐标卡建立了流形的局部坐标系,使得我们可以用欧几里得空间中的坐标来描述流形上的点。

在机器学习中,经常遇到高维数据,如图像、视频等。然而,许多高维数据并非均匀分布在整个空间中,而是聚集在一个低维流形上。流形学习的目标就是从高维数据中发现其内在的低维流形结构,并将数据映射到这个流形上,从而实现降维和特征提取。如图 4.5 所示,不同类型的数据集在降维后符合某一流形分布。

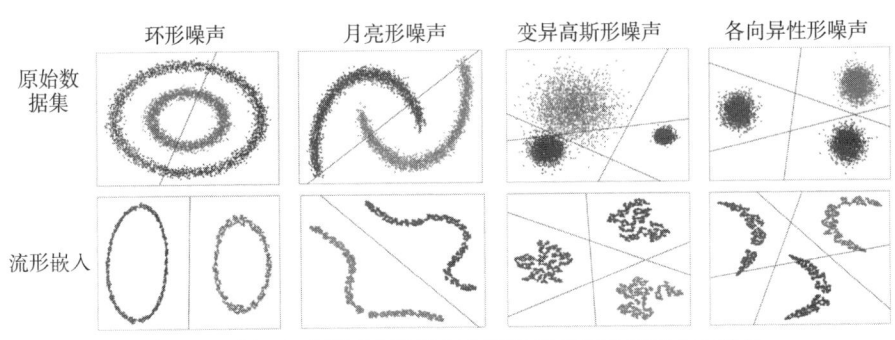

图 4.5 随机生成了四个数据集在降维后呈现出流形分布特征

具体来说,给定一组高维数据点 $\boldsymbol{x}_i \in \mathbf{R}^D$,假设它们位于一个 d 维流形 $\mathcal{M}$

上 (其中 $d \ll D$)，流形学习的目标是学习一个映射：

$$f: \mathbf{R}^D \to \mathbf{R}^d \tag{4.13}$$

使得 $f(\boldsymbol{x}_i)$ 能够反映数据点 $\boldsymbol{x}_i$ 在流形 $\mathcal{M}$ 上的内在坐标。这个映射可以是显式的，如主成分分析 (PCA) 学习的线性映射；也可以是隐式的，如流形上的距离或相似度。

流形学习在机器学习和计算机视觉中有着广泛的应用，主要包括：①数据可视化，通过将高维数据映射到二维或三维空间，我们可以直观地观察数据的内在结构和分布情况；②降维与特征提取，流形学习可以将高维数据压缩到低维空间，同时保留数据的本质结构，这有助于提高后续学习任务的效率和性能；③聚类与分割，在流形空间中，相似的数据点更加紧密，不同类别的数据点更加分离，这有利于聚类和分割任务；④去噪与恢复，假设噪声数据偏离了真实的流形结构，那么我们可以通过流形学习的方法将其投影回流形，达到去噪和恢复的目的。

如前面内容所述，常见的流形学习算法包括 t-SNE、等距映射、局部线性嵌入、拉普拉斯特征映射等，这些算法从不同的角度刻画了流形的局部或全局结构，通过优化一定的目标函数来学习低维嵌入，在本章中，主要利用 t-SNE 算法进行超声导波散射场数据的可视化，以帮助分析不同类型缺陷的数据分布特征。

2. t-SNE 数据可视化算法

t-SNE 是一种广泛应用的流形学习算法，特别适用于高维数据的可视化。与传统的线性降维方法不同，t-SNE 能够很好地保持数据在高维和低维空间的局部邻域结构，从而生成更加直观和有意义的可视化结果。

t-SNE 的基本思想是在低维空间中重构数据点之间的相似度关系，使之尽可能与高维空间中的相似度关系一致。具体来说，t-SNE 定义了两个相似度矩阵，即高维空间的相似度矩阵 $\boldsymbol{P}$ 和低维空间的相似度矩阵 $\boldsymbol{Q}$。

高维空间的相似度矩阵 $\boldsymbol{P}$：对于数据点 $\boldsymbol{x}_i$ 和 $\boldsymbol{x}_j$，它们的相似度 $p_{j|i}$ 由一个高斯分布来衡量：

$$p_{j|i} = \frac{\exp(-\|\boldsymbol{x}_i - \boldsymbol{x}_j\|^2/(2\sigma_i^2))}{\sum_{k \neq i} \exp(-\|\boldsymbol{x}_i - \boldsymbol{x}_k\|^2/(2\sigma_i^2))}, \quad p_{ii} = 0 \tag{4.14}$$

其中，σ_i 是与数据点 $\boldsymbol{x}_i$ 相关的高斯分布参数，可以通过二分搜索的方式进行确定。最终，定义对称的相似度矩阵 $\boldsymbol{P}$ 为

$$p_{ij} = \frac{p_{j|i} + p_{i|j}}{2N} \tag{4.15}$$

4.3 流形学习数据分析与降维

低维空间的相似度矩阵 Q：对于低维空间中的嵌入点 y_i 和 y_j，使用一个更加宽尾的 t 分布来衡量它们的相似度：

$$q_{ij} = \frac{(1+\|y_i - y_j\|^2)^{-1}}{\sum_{k \neq l}(1+\|y_k - y_l\|^2)^{-1}}, \quad q_{ii} = 0 \tag{4.16}$$

t-SNE 的优化目标是最小化高维空间的相似度矩阵 P 和低维空间的相似度矩阵 Q 之间的 KL 散度：

$$\min_{Y} \mathrm{KL}(P|Q) = \sum_{i \neq j} p_{ij} \log \frac{p_{ij}}{q_{ij}} \tag{4.17}$$

其中，$Y = y_1, \cdots, y_N$ 是低维空间中的嵌入点集。

t-SNE 的算法步骤可以总结为：①对每个数据点 x_i，通过二分搜索确定 σ_i，使得 $p_{j|i}$ 的熵为 $\log k$，其中 k 是预设的困惑度 (perplexity) 参数，根据前面相关公式计算对称的相似度矩阵 P；②初始化低维空间的嵌入点 Y，通常采用高斯分布或均匀分布；③计算低维空间的相似度矩阵 Q 和 KL 散度 $\mathrm{KL}(P|Q)$，计算梯度 $\dfrac{\partial \mathrm{KL}(P|Q)}{\partial y_i}$，并使用梯度下降法更新 y_i，直到收敛或达到最大迭代次数；④输出优化后的低维嵌入点 Y。

3. 流形学习深度神经网络——去噪自编码器

去噪自编码器 (denoising autoencoder, DAE)[15] 是一种特殊的自编码器模型，其结构如图 4.6 所示。与传统的自编码器相比，DAE 在输入侧增加了数据损坏的步骤，将原始数据 x 转化为损坏数据 $\tilde{x}$，然后通过编码器和解码器进行特征提取和数据重构。

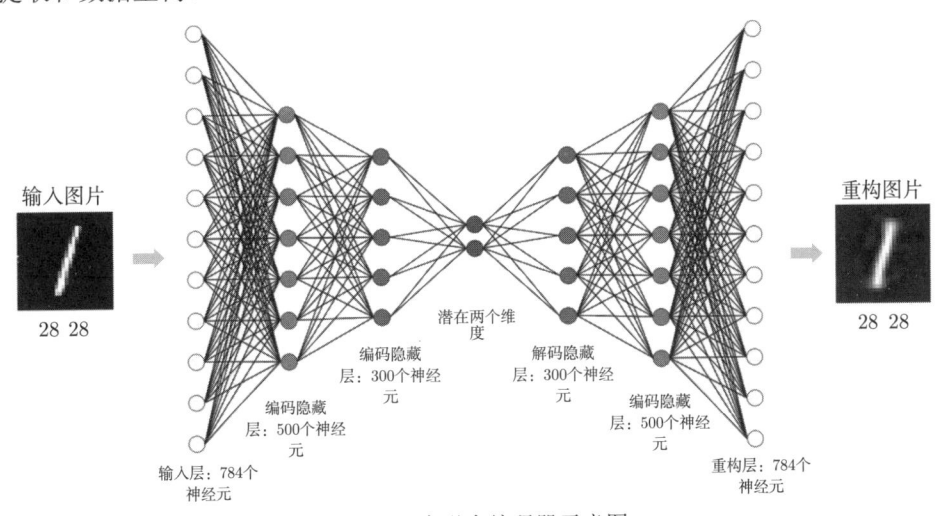

图 4.6 去噪自编码器示意图

具体来说，DAE 由以下几个部分组成：①数据损坏，对原始输入数据 x 进行随机损坏，得到损坏数据 $\tilde{x}$，常见的损坏方式包括加高斯噪声、随机置零、随机遮挡等；②编码器，将损坏数据 $\tilde{x}$ 映射到低维的隐藏空间 h，编码器通常是一个非线性映射，如多层感知机；③解码器，将隐藏空间 h 映射回原始数据空间，得到重构数据 y。解码器通常与编码器的结构对称；④重构损失函数，衡量重构数据 y 与原始数据 x 之间的差异，常用的损失函数包括均方误差 (MSE) 和交叉熵损失。

在实际应用中，数据往往会受到各种噪声的污染，如测量误差、传输干扰等。这些噪声可能会扰乱数据的流形结构，使得原本在流形上相近的点变得分散，或者使得不同流形上的点混杂在一起。图 4.7 展示了噪声对超声导波散射场数据流形结构的影响，图 4.7(a) 为样本数据受均值噪声影响后的结果，噪声的均值和标准差都为 0.1。图 4.7(b) 为样本数据受高斯噪声影响后的结果。

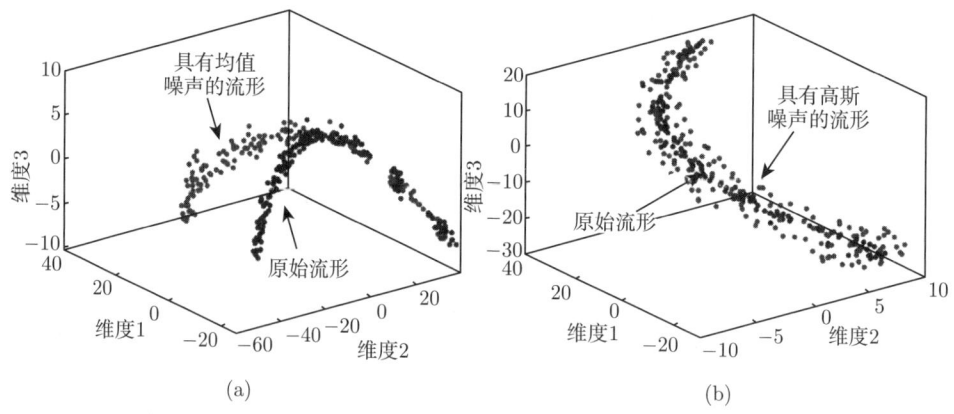

图 4.7　受噪声污染后的超声导波散射场信号样本偏离原始流形分布
(a) 受均值噪声干扰后数据流形分布发生变化；(b) 受高斯噪声干扰后数据流形发生变化

从图中可以看出，受噪声污染后，导波散射场数据的流形结构发生了变化，数据点偏离了原有的流形，这种情况下，传统的流形学习算法 (如 Isomap、LLE 等) 难以恢复数据的真实流形结构。去噪自编码器通过数据损坏和重构的过程，能够学习到数据的内在流形结构，同时对噪声具有很强的鲁棒性。具体来说，去噪自编码器的去噪过程可以分为两个阶段：①编码阶段，将损坏数据 $\tilde{x}$ 映射到低维隐藏空间 h，由于损坏数据偏离了真实流形，编码器会将其映射到流形之外的区域；②解码阶段，将隐藏空间 h 映射回原始数据空间，得到重构数据 y，解码器试图将偏离流形的点拉回到流形上，使其尽可能接近原始数据 x。通过这两个阶段，去噪自编码器实现了对损坏数据的去噪和流形结构的恢复。在本章研究中，以自编码器结构为基础，构建了用于导波缺陷重构的神经网络模型，模型的输入是受到噪声污染的导波散射场信号，经过模型处理后，将脱离流形分布的样本拉回到流形分布上，进而在缺陷重构的同时实现自适应去噪声的目的。

4.4 本章小结

本章论述并推导了数据驱动导波检测相关的算法模型。在第 5 章中将以此为基础，构建数据驱动模型求解波导结构的格林函数；对于深度学习理论和模型，首先介绍了卷积神经网络模型，包含卷积运算过程、激活函数选择、池化层降维、全连接层的映射以及一维卷积神经网络的结构和功能，同时给出了卷积神经网络训练的相关损失函数及优化算法，卷积神经网络是后续章节中神经网络模型的基本单元；随后介绍了残差神经网络，包括残差块的功能以及残差块个数与网络性能之间的关系，在第 5 章的研究中将残差神经网络与波数空间域变换模型相结合进行结构缺陷重构；最后介绍了流形学习数据分析与降维的相关内容，包含机器学习模型数据流形解释、t-SNE 可视化算法的原理和推导以及去噪自编码器的结构和流形解释，这些流形学习相关内容是第 7 章以及第 8 章缺陷重构数据驱动模型的理论基础。

参 考 文 献

[1] Yegnanarayana B. Artificial Neural Networks[M]. New Delhi: PHI Learning Pvt. Ltd., 2009.

[2] O'shea K, Nash R. An introduction to convolutional neural networks[J]. arXiv preprint arXiv:1511.08458, 2015.

[3] LeCun Y, Bengio Y. Convolutional networks for images, speech, and time series[J]. The Handbook of Brain Theory and Neural Networks, 1995, 3361(10): 1995.

[4] Iandola F N, Han S, Moskewicz M W, et al. SqueezeNet: AlexNet-level accuracy with 50x fewer parameters and< 0.5 MB model size[J]. arXiv preprint arXiv:1602.07360, 2016.

[5] Gu J X, Wang Z H, Kuen J, et al. Recent advances in convolutional neural networks[J]. Pattern Recognition, 2018, 77: 354-377.

[6] Bottou L. Stochastic Gradient Descent Tricks[M]. 2nd ed. Berlin: Springer, 2012: 421-436.

[7] Liashchynskyi P, Liashchynskyi P. Grid search, random search, genetic algorithm: A big comparison for NAS[J]. arXiv preprint arXiv:1912.06059, 2019.

[8] Bergstra J, Bengio Y. Random search for hyper-parameter optimization[J]. Journal of Machine Learning Research, 2012, 13: 281-305.

[9] Shahriari B, Swersky K, Wang Z Y, et al. Taking the human out of the loop: A review of Bayesian optimization[J]. Proceedings of the IEEE, 2016, 104(1): 148-175.

[10] He X, Zhao K Y, Chu X W. AutoML: A survey of the state-of-the-art[J]. Knowledge-based Systems, 2021, 212: 106622.

[11] He K M, Zhang X Y, Ren S Q, et al. Deep residual learning for image recognition[C]. Proceedings of the IEEE Conference on Computer Vision and Pattern Recognition, Las Vegas, 2016: 770-778.

[12] Balasubramanian M, Schwartz E L. The isomap algorithm and topological stability[J]. Science, 2002, 295(5552): 7.

[13] Zhang Y L, Yang Y, Li T R, et al. A multitask multiview clustering algorithm in heterogeneous situations based on LLE and LE[J]. Knowledge-Based Systems, 2019, 163: 776-786.

[14] van der Maaten L, Hinton G. Visualizing data using t-SNE[J]. Journal of Machine Learning Research, 2008, 9(11): 2579-2605.

[15] Vincent P, Larochelle H, Bengio Y, et al. Extracting and composing robust features with denoising autoencoders[C]. Proceedings of the 25th international Conference on Machine Learning, Helsinki, 2008: 1096-1103.

第 5 章　数据驱动超声导波正散射边界元计算

5.1 引　　言

将深度学习等数据驱动方法应用于超声导波无损检测时，首先需要解决的就是"数据问题"。不同于计算机视觉、自然语言处理等传统大数据研究，对于工业界中的某一个具体研究领域，通常会面临有效数据量少、实验数据获取成本高、数据源之间不流通等问题，进而阻碍相应数据驱动技术的发展[1]。在这种情况下，各领域学者通常会采用将计算机仿真数据与实验数据相结合的方式来提高训练数据基数，最终实现提高模型性能的目的[2]。而对于超声导波无损检测，目前已有多种导波正散射波场计算和分析方法。

在早期，有学者研究了基于导波理论模型的散射波场求解方法，如将平板中缺陷内部和外部的波场展开成一系列导波模态的叠加，然后利用边界条件和连续性条件求解叠加式中各个模态的未知幅值系数，进而实现对于平板中穿透缺陷散射波场的求解[3]。然而，这类解析方法只适用于求解缺陷几何形状简单规则的问题，不具有通用性，因此后续的相关研究侧重于有限元法 (FEM) 等数值分析方法。例如，Koshiba 等[4] 采用有限元方法来求解弹性板中 Lamb 波的散射波场，并通过与解析解对比验证了 FEM 的适用性；Rajagopalan 等[5] 利用 FEM 来求解 SH 波穿过裂纹缺陷后的散射场；Shen 等[6] 则将 FEM 与理论方法相结合求解二维 Lamb 波与结构缺陷作用后的散射波场。

边界元法 (BEM) 是另一种有效的求解导波散射波场数值方法，相较于 FEM，BEM 仅需在结构边界上离散化，具有减少问题维度、提高网格生成效率、提高应力集中时求解精度等优势[7]。在利用 BEM 求解导波散射波场时，选取合适的格林函数基本解是其中的关键因素，其类型可分为全空间格林函数和波导格林函数两种。全空间格林函数表示无限域中源点扰动对场点产生的影响，能够描述声波在无限介质中的传播和散射行为。例如，Cho 等[8] 结合全空间格林函数和正交模态展开技术，开发了混合边界元法 (MBEM)，用以研究 Lamb 波在板边缘的散射及其与表面破损缺陷的相互作用。波导格林函数则专门用于描述波在有限或受限结构中的传播和散射行为，如管道、板材等，考虑了结构的几何特性和边界条件，使其更适用于处理实际工程问题。例如，Kitahara 等[9] 应用波导格林函数来可视化流固边界上的散射波场，该方法仅对缺陷区域进行积分，极大地提高了效率；

在另一项研究中[10]，学者利用波导格林函数解决层状介质中的地震波散射问题，仅对结构有缺陷的部分进行了网格化，高效地模拟了散射场。

由以上论述可知，采用边界元结合波导格林函数的方法，能有效提高导波散射场求解和分析的效率，适用于解决基于数据驱动导波缺陷检测的"数据问题"。然而在应用中，理论推导波导格林函数是一项难题，特别是对于具有复杂边界和不规则界面的结构，公式化推导的过程不仅技术要求高，而且计算量繁重；同时，当任务场景更换为某一新型结构的分析时，需重新进行大量的解析推导工作，不具备通用性。基于此背景，本章提出了基于深度学习的边界元法 (DBEM)，该方法利用深度学习模型的高效的数据模拟能力，绕过了理论推导波导格林函数的过程，为计算导波散射场提供了一个既高效又通用的新途径。应用 DBEM 求解导波散射场主要分为三步进行：①对结构中的缺陷边界进行网格划分，并求解节点上的全空间格林函数；②将全空间格林函数基本解以及源点场点坐标输入深度神经网络，计算对应的波导格林函数；③将波导格林函数代入弹性动力学方程，完成散射波场的求解。

本章内容的安排是，5.2 节说明 DBEM 方法的基本内容和原理，包含对先前工作修正边界元法 (MBEM) 的介绍、利用 MBEM 推导等效数值波导格林函数的过程、DBEM 方法的具体内容等；5.3 节给出利用 DBEM 求解导波散射场的相关结果，包含模拟出的等效波导格林函数以及对于平板表面缺陷散射波场的求解结果等内容；5.4 节进行本章总结。

5.2 耦合深度学习的边界元法

5.2.1 基于修正边界元的导波散射波场求解

如图 5.1 所示，考虑一个单一 Lamb 模态的入射波 u^{Inc}，沿二维均匀、各向同性的弹性薄板传播 (板厚为 h)，与任意形状的表面缺陷相互作用，产生了反射波 u^{Rec} 和透射波 u^{Tra}。

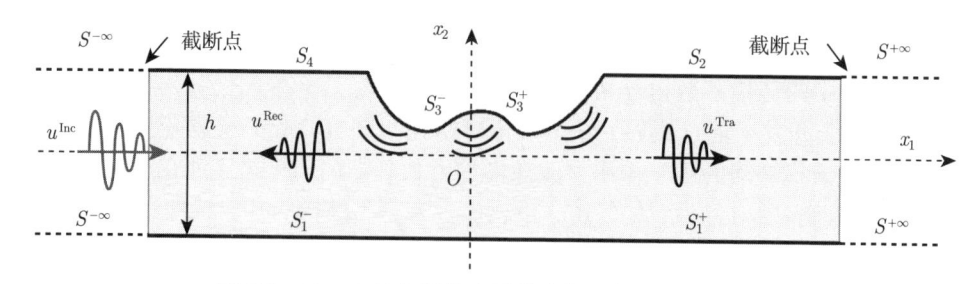

图 5.1 Lamb 波与结构表面缺陷作用发生反射和透射

5.2 耦合深度学习的边界元法

根据弹性动力学互易定理，在笛卡儿坐标系中，上述结构边界上的散射波场满足如下积分方程：

$$\frac{1}{2}u_j(\boldsymbol{X},\omega) = \int_S (u_{ij}^*(\boldsymbol{X},\boldsymbol{x},\omega) \cdot t_j(\boldsymbol{x},\omega) - t_{ij}^*(\boldsymbol{X},\boldsymbol{x},\omega) \cdot u_j(\boldsymbol{x},\omega))\mathrm{d}S(\boldsymbol{x})$$
$$i,j = 1,2, \quad \boldsymbol{x} \in S \tag{5.1}$$

其中，$\boldsymbol{X}$ 和 $\boldsymbol{x}$ 分别表示源点和场点；ω 表示声波的时间角频率；$u_{ij}^*(\boldsymbol{X},\boldsymbol{x},\omega)$ 和 $t_{ij}^*(\boldsymbol{X},\boldsymbol{x},\omega)$ 分别表示全空间位移和应力格林函数基本解；$u_j(\boldsymbol{x},\omega)$ 表示边界上的位移分布；$t_j(\boldsymbol{x},\omega)$ 表示边界上的应力分布，其中，平板完好边界处的 $t_j(\boldsymbol{x},\omega)$ 为 0，缺陷处的 $t_j(\boldsymbol{x},\omega)$ 可由入射场计算得出；下标 i 和 j 表示 x_1 和 x_2 两个方向；S 表示波导结构的全边界，包含缺陷区边界 S_3 以及非缺陷区边界 S_1、S_2、S_4 和 S^∞。式 (5.1) 右侧的积分可以分解为近场边界 (包含 S_1、S_2、S_3 和 S_4) 的积分以及无穷远处远场 ($S^{-\infty}$ 和 $S^{+\infty}$) 的积分两部分：

$$\frac{1}{2}u_j(\boldsymbol{X},\omega) = \int_{S_1\cup S_2\cup S_3\cup S_4} \left(u_{ij}^*(\boldsymbol{X},\boldsymbol{x},\omega) \cdot t_j(\boldsymbol{x},\omega) - t_{ij}^*(\boldsymbol{X},\boldsymbol{x},\omega) \cdot u_j(\boldsymbol{x},\omega)\right)\mathrm{d}S(\boldsymbol{x})$$
$$- \int_{S^{-\infty}\cup S^{+\infty}} t_{ij}^*(\boldsymbol{X},\boldsymbol{x},\omega) \cdot u_j(\boldsymbol{x},\omega)\mathrm{d}S(\boldsymbol{x}) \tag{5.2}$$

在传统的 BEM 中，方程 (5.2) 中关于无穷远处的积分通常被忽略，这会导致散射波场的计算精度降低，在 MBEM 中则利用弹性动力学互易定理计算无穷远处的积分，消除在截断处反射虚波的干扰，从而达到降低精度损失的目的。在远场处，散射波的位移总场可以表示为各模态位移场的叠加：

$$\boldsymbol{u}^{\pm\infty}(\boldsymbol{x},\omega) \approx \sum_{m=1}^n R^{m\pm} \cdot \boldsymbol{u}^{m\pm}(\boldsymbol{x},\omega) \tag{5.3}$$

其中，$R^{m\pm}$ 表示各个模态位移场的振幅系数。因此，式 (5.2) 中无穷远处的积分项可分解为

$$\int_{S^{-\infty}\cup S^{+\infty}} t_{ij}^*(\boldsymbol{X},\boldsymbol{x},\omega) \cdot u_j(\boldsymbol{x},\omega)\mathrm{d}S(\boldsymbol{x})$$
$$= \int_{S^{-\infty}\cup S^{+\infty}} t_{ij}^*(\boldsymbol{X},\boldsymbol{x},\omega) \cdot \sum_{m=1}^n R_j^{m\pm} \cdot u_j^{m\pm}(\boldsymbol{x},\omega)\mathrm{d}S(\boldsymbol{x}) \tag{5.4}$$

将式 (5.4) 右侧中振幅系数 $R^{m\pm}$ 提取出来，并将剩余的部分定义为修正系数 $A^{m\pm}(\boldsymbol{X},\omega)$，即

$$A^{m\pm}(\boldsymbol{X},\omega) = \int_{S^{\pm\infty}} t_{ij}^*(\boldsymbol{X},\boldsymbol{x},\omega) \cdot u_j^{m\pm}(\boldsymbol{x},\omega)\mathrm{d}S(\boldsymbol{x}) \tag{5.5}$$

其中，m 表示第 m 阶模态。因此，式 (5.2) 中无穷远处的积分可被表示为

$$\int_{S^{-\infty}\cup S^{+\infty}} t_{ij}^*(\boldsymbol{X},\boldsymbol{x},\omega) \cdot u_j(\boldsymbol{x},\omega)\mathrm{d}S(\boldsymbol{x}) = \sum_{m=1}^{n} R^{m\pm} \cdot A^{m\pm}(\boldsymbol{X},\omega) \tag{5.6}$$

为了求解修正系数 $A^{m\pm}(\boldsymbol{X},\omega)$，可通过引入虚拟边界 S_0 将如图 5.1 所示的无限大平板分为左右两部分，如图 5.2 所示。

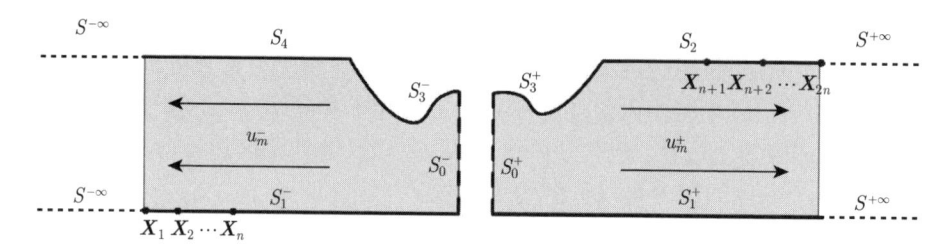

图 5.2 引入虚拟边界 S_0 将无限大平板分为左右两部分

利用互易定理，可以获得关于左侧结构中第 m 阶模态波场的积分方程：

$$\frac{1}{2}u_j^{m-}(\boldsymbol{X},\omega) = \int_{S_1^-\cup S_0^-\cup S_3^-\cup S_4} (u_{ij}^*(\boldsymbol{X},\boldsymbol{x},\omega) \cdot t_j^{m-}(\boldsymbol{x},\omega)$$
$$- t_{ij}^*(\boldsymbol{X},\boldsymbol{x},\omega) \cdot u_j^{m-}(\boldsymbol{x},\omega))\mathrm{d}S(\boldsymbol{x})$$
$$- \int_{S^{-\infty}} t_{ij}^*(\boldsymbol{X},\boldsymbol{x},\omega) \cdot u_j^{m-}(\boldsymbol{x},\omega)\mathrm{d}S(\boldsymbol{x}) \tag{5.7}$$

其中，$u_j^{m-}(\boldsymbol{X},\omega)$ 表示第 m 阶单位幅值模态位移波场。对式 (5.7) 进行移项后，可以将第 m 阶模态的修正系数 $A^{m-}(\boldsymbol{X},\omega)$ 表示为

$$-A^{m-}(\boldsymbol{X},\omega) = -\int_{S^{-\infty}} t_{ij}^*(\boldsymbol{X},\boldsymbol{x},\omega) \cdot u_j^{m-}(\boldsymbol{x},\omega)\mathrm{d}S(\boldsymbol{x})$$
$$= \frac{1}{2}u_j^{m-}(\boldsymbol{X},\omega) - \int_{S_1^-\cup S_0^-\cup S_3^-\cup S_4} (u_{ij}^*(\boldsymbol{X},\boldsymbol{x},\omega) \cdot t_j^{m-}(\boldsymbol{x},\omega)$$
$$- t_{ij}^*(\boldsymbol{X},\boldsymbol{x},\omega) \cdot u_j^{m-}(\boldsymbol{x},\omega))\mathrm{d}S(\boldsymbol{x}) \tag{5.8}$$

同样，对于右侧结构，修正系数 $A^{m+}(\boldsymbol{X},\omega)$ 可以表示为

$$-A^{m+}(\boldsymbol{X},\omega) = -\int_{S^{+\infty}} t_{ij}^*(\boldsymbol{X},\boldsymbol{x},\omega) \cdot u_j^{m+}(\boldsymbol{x},\omega)\mathrm{d}S(\boldsymbol{x})$$
$$= \frac{1}{2}u_j^{m+}(\boldsymbol{X},\omega) - \int_{S_1^+\cup S_0^+\cup S_3^+\cup S_2} (u_{ij}^*(\boldsymbol{X},\boldsymbol{x},\omega) \cdot t_j^{m+}(\boldsymbol{x},\omega)$$

5.2 耦合深度学习的边界元法

$$- t_{ij}^{*}(\boldsymbol{X}, \boldsymbol{x}, \omega) \cdot u_{j}^{m+}(\boldsymbol{x}, \omega)) \mathrm{d}S(\boldsymbol{x}) \tag{5.9}$$

将式 (5.8) 和式 (5.9) 代入式 (5.6)，然后将积分边界离散化，可得如下表达式：

$$\sum_{\alpha \in S_1 \cup S_2 \cup S_3 \cup S_4} \sum_{\beta=1}^{N_e} (H_{\alpha\beta} \cdot u(\boldsymbol{X}_\alpha, \omega))$$

$$+ \sum_{m=1}^{n} \left(R^{m+} \cdot A^{m+}(\boldsymbol{X}, \omega) + R^{m-} \cdot A^{m-}(\boldsymbol{X}, \omega) \right)$$

$$= \sum_{\alpha \in S_1 \cup S_2 \cup S_3 \cup S_4} \sum_{\beta=1}^{N_e} (G_{\alpha\beta} \cdot t(\boldsymbol{X}_\alpha, \omega)) \tag{5.10}$$

其中，N_e 表示单元的节点总数；n 表示角频率为 ω 的情况下当前结构中的导波模态总数；α 和 β 分别代表源点和场点；$H_{\alpha\beta}$ 和 $G_{\alpha\beta}$ 分别代表全空间应力和位移格林函数在边界元上的积分项，具体表示为

$$G_{\alpha\beta} = \int_{S_e} u_{ij}^{*}(\boldsymbol{X}_\alpha, \eta, \omega) \cdot \phi_\beta(\eta) \mathrm{d}S(\eta) \tag{5.11}$$

$$H_{\alpha\beta} = \int_{S_e} t_{ij}^{*}(\boldsymbol{X}_\alpha, \eta, \omega) \cdot \phi_\beta(\eta) \mathrm{d}S(\eta) + \frac{1}{2} \tag{5.12}$$

其中，$\eta \in [-1, 1]$ 表示当前单元的局部积分边界；$\phi_\beta(\eta)$ 表示每个单元的形函数。将 $H_{\alpha\beta}$ 和 $G_{\alpha\beta}$ 组装进全局矩阵 $\boldsymbol{H}$ 和 $\boldsymbol{G}$；将边界上的位移 $u(\boldsymbol{X}_\alpha, \omega)$ 和应力 $t(\boldsymbol{X}_\alpha, \omega)$ 组装进矩阵 $\boldsymbol{U}$ 和 $\boldsymbol{T}$；将修正项 $A^{m\pm}(\boldsymbol{X}, \omega)$ 和未知的模态振幅系数 $R^{m\pm}$ 组装进矩阵 $\boldsymbol{A}^{\pm}$ 和 $\boldsymbol{R}^{\pm}$。最终可将式 (5.10) 转变为矩阵方程：

$$\boldsymbol{H}\boldsymbol{U} + \boldsymbol{A}^{+}\boldsymbol{R}^{+} + \boldsymbol{A}^{-}\boldsymbol{R}^{-} = \boldsymbol{G}\boldsymbol{T} \tag{5.13}$$

为了求解式 (5.13)，如图 5.2 所示，在结构中近场和远场的交界处选择 $2n$ 个配置点 $\boldsymbol{X}_p(p=1,2,\cdots,2n)$，这些配置点的位移可以表示为远场各阶模态的和：

$$\begin{cases} u(\boldsymbol{X}_p, \omega) = \sum_{m=1}^{n} R^{m-}(\omega) \cdot u^{m-}(\boldsymbol{X}_p, \omega) \\ u(\boldsymbol{X}_{p+n}, \omega) = \sum_{m=n+1}^{2n} R^{m+}(\omega) \cdot u^{m+}(\boldsymbol{X}_p, \omega) \end{cases} \tag{5.14}$$

同样，式 (5.14) 可以表示为矩阵方程：

$$\begin{cases} \boldsymbol{I}_R^{-}\boldsymbol{U}_1 = \boldsymbol{U}_R^{-}\boldsymbol{R}^{-} \\ \boldsymbol{I}_R^{+}\boldsymbol{U}_2 = \boldsymbol{U}_R^{+}\boldsymbol{R}^{+} \end{cases} \tag{5.15}$$

其中，$\boldsymbol{I}_R^-$ 和 $\boldsymbol{I}_R^+$ 代表单位矩阵。将矩阵方程 (5.15) 和式 (5.13) 相结合，可得到最终的 MBEM 矩阵方程：

$$\begin{bmatrix} \boldsymbol{H}_{11} & \boldsymbol{H}_{12} & \boldsymbol{H}_{13} & \boldsymbol{H}_{14} & \boldsymbol{A}_1^- & \boldsymbol{A}_1^+ \\ \boldsymbol{H}_{21} & \boldsymbol{H}_{22} & \boldsymbol{H}_{23} & \boldsymbol{H}_{24} & \boldsymbol{A}_2^- & \boldsymbol{A}_2^+ \\ \boldsymbol{H}_{31} & \boldsymbol{H}_{32} & \boldsymbol{H}_{33} & \boldsymbol{H}_{34} & \boldsymbol{A}_3^- & \boldsymbol{A}_3^+ \\ \boldsymbol{H}_{41} & \boldsymbol{H}_{42} & \boldsymbol{H}_{43} & \boldsymbol{H}_{44} & \boldsymbol{A}_4^- & \boldsymbol{A}_4^+ \\ -\boldsymbol{I}_R^- & 0 & 0 & 0 & \boldsymbol{U}_R^- & 0 \\ 0 & -\boldsymbol{I}_R^+ & 0 & 0 & 0 & \boldsymbol{U}_R^+ \end{bmatrix} \begin{bmatrix} \boldsymbol{U}_1 \\ \boldsymbol{U}_2 \\ \boldsymbol{U}_3 \\ \boldsymbol{U}_4 \\ \boldsymbol{R}^- \\ \boldsymbol{R}^+ \end{bmatrix}$$

$$= \begin{bmatrix} \boldsymbol{G}_{11} & \boldsymbol{G}_{12} & \boldsymbol{G}_{13} & \boldsymbol{G}_{14} & 0 & 0 \\ \boldsymbol{G}_{21} & \boldsymbol{G}_{22} & \boldsymbol{G}_{23} & \boldsymbol{G}_{24} & 0 & 0 \\ \boldsymbol{G}_{31} & \boldsymbol{G}_{32} & \boldsymbol{G}_{33} & \boldsymbol{G}_{34} & 0 & 0 \\ \boldsymbol{G}_{41} & \boldsymbol{G}_{42} & \boldsymbol{G}_{43} & \boldsymbol{G}_{44} & 0 & 0 \\ 0 & 0 & 0 & 0 & 0 & 0 \\ 0 & 0 & 0 & 0 & 0 & 0 \end{bmatrix} \begin{bmatrix} 0 \\ 0 \\ \boldsymbol{T}_3 \\ 0 \\ 0 \\ 0 \end{bmatrix} \quad (5.16)$$

其中，下标 1、2、3、4 分别代表图 5.1 中的 4 个边界。计算式 (5.16) 即可得到精确的散射波位移场 $\boldsymbol{U}_1$、$\boldsymbol{U}_2$、$\boldsymbol{U}_3$、$\boldsymbol{U}_4$ 以及反射波各阶模态的振幅系数 $\boldsymbol{R}^-$、$\boldsymbol{R}^+$。

5.2.2 等效板波格林函数

在前面的 MBEM 方法中，所用到的基本解为不考虑结构边界条件的全空间格林函数 $u_{ij}^*(\boldsymbol{X},\boldsymbol{x},\omega)$ 和 $t_{ij}^*(\boldsymbol{X},\boldsymbol{x},\omega)$，因此方程 (5.1) 需要对整个结构边界 S 进行积分才能得到精确的散射波位移场，而从前面的推导过程可以看出，为了求解无穷远边界上的积分，需要对板模型进行分割并使用两次互易定理以构建正负无穷边界上的积分表达式，然后通过设定配置点组成大矩阵 (5.16) 完成求解。由此可见，由于使用全空间格林函数，MBEM 方法虽然能精确求得散射波位移场，但建模和计算过程较为复杂，导致其计算效率较低，难以实现实时高效的仿真分析。相对于全空间格林函数，完好板格林函数 $\tilde{u}_{ij}^*(\boldsymbol{X},\boldsymbol{x},\omega)$ 和 $\tilde{t}_{ij}^*(\boldsymbol{X},\boldsymbol{x},\omega)$ 则是一种更进阶的格林函数基本解，其在推导时就已经兼顾了平板的边界条件，如图 5.3 所示。

$\tilde{u}_{ij}^*(\boldsymbol{X},\boldsymbol{x},\omega)$ 和 $\tilde{t}_{ij}^*(\boldsymbol{X},\boldsymbol{x},\omega)$ 中已经包含了平板边界的信息，其源点所对应的响应是多个反射波模态相互叠加的结果。在利用 $\tilde{u}_{ij}^*(\boldsymbol{X},\boldsymbol{x},\omega)$ 和 $\tilde{t}_{ij}^*(\boldsymbol{X},\boldsymbol{x},\omega)$ 求解结构缺陷所产生的散射波场时，缺陷相对于完好板来说是额外的边界，此时构建动力学积分方程只需对缺陷边界进行积分即可精确求解散射波场，即

$$\frac{1}{2} u_j(\boldsymbol{X},\omega) = \int_{S_3} \left(\tilde{u}_{ij}^*(\boldsymbol{X},\boldsymbol{x},\omega) \cdot t_j(\boldsymbol{x},\omega) - \tilde{t}_{ij}^*(\boldsymbol{X},\boldsymbol{x},\omega) \cdot u_j(\boldsymbol{x},\omega) \right) \mathrm{d}S(\boldsymbol{x})$$

$$i,j = 1,2, \quad \boldsymbol{x} \in S_3 \quad (5.17)$$

5.2 耦合深度学习的边界元法

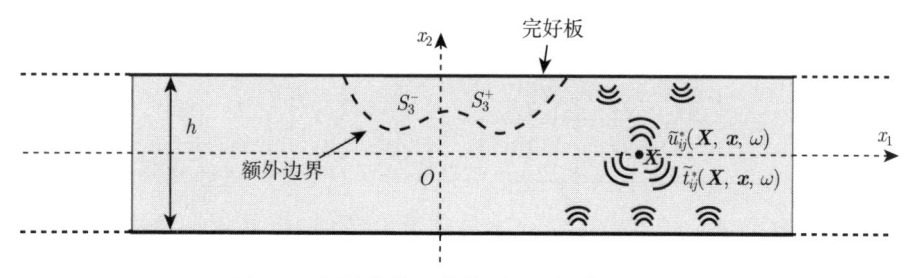

图 5.3 板波格林函数兼顾了平板边界的影响

式 (5.17) 中的积分边界为缺陷边界 S_3。参考 5.2.1 节中的推导过程，对式 (5.17) 进行离散化写成矩阵方程为

$$H^p U_3 = G^p T_3 \tag{5.18}$$

其中，H^p 和 G^p 分别为应力和位移板波格林函数矩阵，利用式 (5.18) 即可一步求解出缺陷处的散射波位移场 U_3。波导结构解析形式的格林函数 $\tilde{u}_{ij}^*(X, x, \omega)$ 和 $\tilde{t}_{ij}^*(X, x, \omega)$ 求解非常复杂，尤其对于管道等复杂形状的波导结构甚至无法得到其格林函数基本解。在这种情况下，利用数据驱动的神经网络模型来模拟求解波导格林函数是一种有效的方法，对于本项研究，可以先通过神经网络求解出板波格林函数基本解，再代入式 (5.18) 完成散射波场的求解，由于训练后的神经网络可快速并行计算出板波格林函数，因而整个仿真过程的计算效率会极大地提高。在构建神经网络模型之前，首先需要获得用于神经网络训练的样本数据。在本节中，从矩阵方程 (5.16) 出发，推导出数值形式的等效板波格林函数用于神经网络的训练样本。推导过程如下所述。

首先对矩阵方程 (5.16) 进行分块和移项得到

$$\begin{bmatrix} [H_{33}] & [H_{31} & H_{32} & H_{34} & A_3^- & A_3^+] \\ H_{13} & H_{11} & H_{12} & H_{14} & A_1^- & A_1^+ \\ H_{23} & H_{21} & H_{22} & H_{24} & A_2^- & A_2^+ \\ H_{43} & H_{41} & H_{42} & H_{44} & A_4^- & A_4^+ \\ 0 & -I_R^- & 0 & 0 & U_R^- & 0 \\ 0 & 0 & -I_R^+ & 0 & 0 & U_R^+ \end{bmatrix} \begin{bmatrix} [U_3] \\ U_1 \\ U_2 \\ U_4 \\ R^- \\ R^+ \end{bmatrix}$$

$$= \begin{bmatrix} [G_{33}] & [G_{31} & G_{32} & G_{34} & 0 & 0] \\ G_{13} & G_{11} & G_{12} & G_{14} & 0 & 0 \\ G_{23} & G_{21} & G_{22} & G_{24} & 0 & 0 \\ G_{43} & G_{41} & G_{42} & G_{44} & 0 & 0 \\ 0 & 0 & 0 & 0 & 0 & 0 \\ 0 & 0 & 0 & 0 & 0 & 0 \end{bmatrix} \begin{bmatrix} [T_3] \\ 0 \\ 0 \\ 0 \\ 0 \\ 0 \end{bmatrix} \tag{5.19}$$

将式 (5.19) 简写为以下形式：

$$\begin{bmatrix} H_1 & H_2 \\ H_3 & H_4 \end{bmatrix} \begin{bmatrix} U_3 \\ U_0 \end{bmatrix} = \begin{bmatrix} G_1 & G_2 \\ G_3 & G_4 \end{bmatrix} \begin{bmatrix} T_3 \\ 0 \end{bmatrix} \tag{5.20}$$

其中，H_2、H_3、H_4 和 G_2、G_3、G_4 分别表示式 (5.19) 中对应位置的矩阵分块；U_3 为缺陷区的位移；U_0 中包含非缺陷区的位移以及各阶模态的振幅系数；T_3 表示缺陷区的应力，可由入射波场求出，非缺陷区的应力为 0。将式 (5.20) 中的项相乘可得

$$H_1 U_3 + H_2 U_0 = G_1 T_3 \tag{5.21}$$

$$H_3 U_3 + H_4 U_0 = G_3 T_3 \tag{5.22}$$

联立式 (5.21) 和式 (5.22) 可得

$$U_0 = H_4^{-1} G_3 T_3 - H_4^{-1} H_3 U_3 \tag{5.23}$$

将式 (5.23) 代入式 (5.21) 可得

$$(H_1 - H_2 H_4^{-1} H_3) U_3 = (G_1 - H_2 H_4^{-1} G_3) T_3 \tag{5.24}$$

令

$$H_{\text{mod}} = H_1 - H_2 H_4^{-1} H_3 \tag{5.25}$$

$$G_{\text{mod}} = G_1 - H_2 H_4^{-1} G_3 \tag{5.26}$$

则式 (5.24) 可以表示为

$$H_{\text{mod}} U_3 = G_{\text{mod}} T_3 \tag{5.27}$$

通过求解式 (5.27)，即可得到缺陷区域的散射波位移场 U_3。观察式 (5.25) 和式 (5.26) 可以看出，矩阵 H_{mod} 和 G_{mod} 是全空间格林函数矩阵 H_1 和 G_1 减去一矩阵项后的结果，而进一步观察式 (5.27) 和式 (5.18) 可以发现，H_{mod} 和 G_{mod} 刚好实现了板波格林函数 H^p 和 G^p 的效果，因此我们定义 H_{mod} 和 G_{mod} 为等效的板波格林函数。在本节研究中，考虑到 H_{mod} 和 G_{mod} 为全空间格林函数经过修正后的结果，因此构建神经网络，其输入为全空间格林函数 H_1 和 G_1，输出则为对应的 H_{mod} 和 G_{mod}，通过数据训练实现两者之间的变换。此外值得注意的是，以上对于数值等效格林函数的推导方法同样适用于其他类型的波导结构，其过程和原理可以简述为利用已知的结构边界条件以及全空间格林函数获得数值形式的等效波导格林函数解，是一种通用的推导方法。

5.2.3 耦合深度学习的边界元法框架与原理

在 5.2.2 节中,通过对修正边界元公式的进一步推导,获得了板波格林函数的等效数值解,但是这种数值形式或者矩阵形式的板波格林函数无法直接用于含任意形状缺陷板的散射波场计算,但可以将其作为样本数据训练神经网络模型,经过训练后的神经网络能够预测出缺陷区域内任意场点和源点之间的板波格林函数基本解,进而实现散射波场的快速求解。基于这种思路,本节提出了耦合深度学习的边界元法 (DBEM)。该方法的基本逻辑框架如图 5.4 所示,该方法主要分为线下的数据生成模型训练以及线上的快速仿真计算两部分。首先,数据生成的步骤是:①在平板结构中定义一片检测区域 (图 5.4 所示蓝框中左图的灰色区域),并对该区域进行网格划分;②在网格中任意选择两个采样点,并将其作为完好板结构的两个额外缺陷边界点代入 5.2.1 节中所述的弹性动力学积分方程;③利用 5.2.2 节中的方法推导出额外两个边界点的等效板波格林函数 H_{mod} 和 G_{mod},其中的值即两个采样点之间的等效板波应力和位移格林函数响应关系;④重复步骤②和③,遍历检测区的网格 (选择第 1 个网格为源点,计算其他所有网格处的响应值,然后选择第 2 个网格作为源点,以此类推,直到遍历所有网格),获得网格中任意两点之间的等效板波格林函数,完成数据采样。数据库构建完成后,下一步是构建神经网络模型并进行训练,神经网络的输入为样本点中任意两点间的全空间格林函数响应以及两点坐标,输出为两点间的板波格林函数响应,经过训练后,神经网络能够预测出缺陷区域内任意两点的板波格林函数响应,如果缺陷区域网格划分得越密集,即样本数量越多,则神经网络的预测结果越准确。在完成上述线下的样本数据库构建以及神经网络训练后,即可将神经网络配置到边界元方法实现

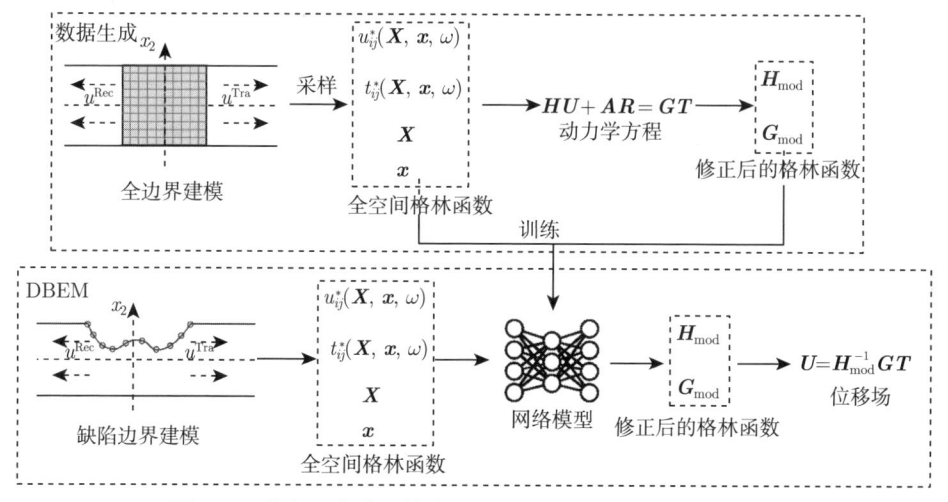

图 5.4 耦合深度学习的边界元法框架结构 (彩图扫二维码)

线上的散射波场快速仿真求解。DBEM 方法的线上求解过程如图 5.4 中红色框图部分所示：①对结构缺陷区域的边界进行离散化单元划分；②利用全空间格林函数计算公式，求解出缺陷边界元的全空间格林函数；③将全空间格林函数值以及节点坐标输入神经网络，得到计算单元的等效板波格林函数；④将板波格林函数代入动力学方程，完成对位移波场的快速求解。

以下是对上述方法中一些关键内容的补充，首先是方法中所涉及的全空间格林函数。在本章研究中所用的弹性动力学全空间位移基本解 u_{ij}^* 和应力基本解 t_{ij}^* 的表达式如下：

$$u_{ij}^* = A\left(U_1 - U_2 r_{,i} r_{,j}\right)$$

$$t_{ij}^* = \mu A \left(\left(\delta_{ij}\frac{\partial r}{\partial n} + n_i r_{,j}\right) + \frac{\lambda}{\mu} n_j r_{,i}\right) \frac{\partial U_1}{\partial r} - \mu A \left(2 r_{,i} r_{,j} \frac{\partial r}{\partial n} + \frac{\lambda}{\mu} n_j r_{,i}\right) \frac{\partial U_2}{\partial r}$$

$$- \mu A \left(\left(\delta_{ij}\frac{\partial r}{\partial n} + n_i r_{,j}\right) + 2\left(n_i r_{,j} - 2 r_{,i} r_{,j} \frac{\partial r}{\partial n}\right) + 2\frac{\lambda}{\mu} n_j r_{,i}\right) \quad (5.28)$$

其中

$$\begin{cases} A = \dfrac{m}{4\mu} \\[6pt] U_1 = \mathrm{H}_0^1(k_T r) - \dfrac{1}{k_T r}\mathrm{H}_1^1(k_T r) + \left(\dfrac{k_L}{k_T}\right)^2 \dfrac{1}{k_L r}\mathrm{H}_1^1(k_L r) \\[10pt] U_2 = -\mathrm{H}_2^1(k_T r) + \left(\dfrac{k_L}{k_T}\right)^2 \mathrm{H}_2^1(k_L r) \end{cases} \quad (5.29)$$

r 为源点 $\boldsymbol{X}$ 和场点 $\boldsymbol{x}$ 之间的距离；$\mathrm{H}_n^1(\cdot)$ 表示第一类 n 阶 Hankel 函数；$k_T = \omega/\sqrt{\mu/\rho}$ 和 $k_L = \omega/\sqrt{(\lambda+2\mu)/\rho}$ 则表示当前频率下 S 波和 P 波的波数；λ、μ 和 ρ 分别表示拉梅常数和材料密度。

接下来介绍 DBEM 中所使用的神经网络模型以及相关的训练过程。本项研究中利用多层全连接神经网络来实现从全空间格林函数到板波格林函数之间的变换。如图 5.5(a) 所示为定义的平板近场处的矩形检测区域，其尺寸为 $h \times h$，并被划分为 100 个单元，利用本节开头所述的数据生成方法进行采样，最终构建了包含 100×100 共 10000 组数据的样本集。下一步，构建了如图 5.5(b) 所示的全连接神经网络模型，包含输入层、隐藏层以及输出层。该模型的输入为源点和场点的坐标以及全空间格林函数响应，输出为修正后的全空间格林函数，即等效板波格林函数响应 (复数值分为实部和虚部两部分输入和输出)。

在本章中，使用 TensorFlow2.0 深度学习框架构建神经网络模型，分为应力求解模型和位移求解模型，两者模型结构相同，具体如表 5.1 所示。网络包含 5

5.2 耦合深度学习的边界元法

个隐藏层,每层衔接参数为 0.95 的 Dropout 层以防止过拟合;模型前四层的激活函数是 ReLU,最后一层是 Linear;网络训练采用的优化器是 Adam,训练周期为 5000 次迭代,训练批处理量为 128;在网络训练期间,80%的数据用于训练,15%在训练期间用于验证,剩余的 5%用于模型测试。

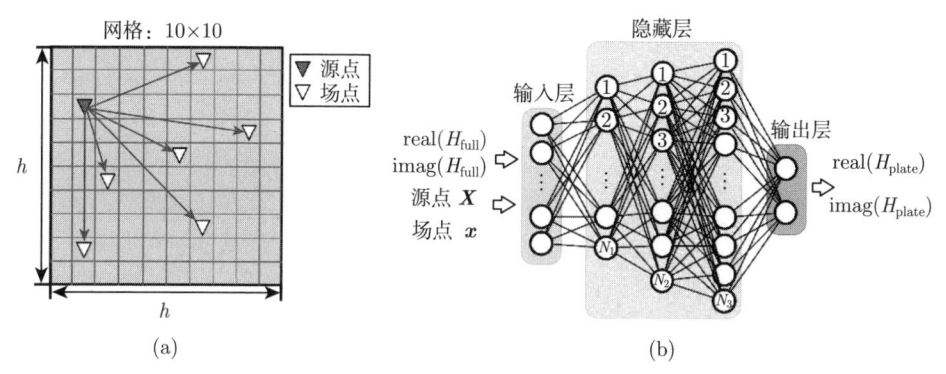

图 5.5 矩形检测区域以及全连接神经网络模型

(a) 定义在平板近场的矩形检测区域; (b) 神经网络的输入为全空间格林函数的实部和虚部以及源点、场点坐标,输出为等效板波格林函数的实部和虚部

表 5.1 DBEM 方法的神经网络结构参数

层	层节点数	正则化/Dropout	优化器	激活函数	迭代次数/批处理量
1	128	Yes/0.95	Adam	ReLU	5000/128
2	64	Yes/0.95	Adam	ReLU	5000/128
3	32	Yes/0.95	Adam	ReLU	5000/128
4	16	Yes/0.95	Adam	ReLU	5000/128
5	2	Yes/0.95	Adam	Linear	5000/128

最后是关于在后续测试中对模型预测结果精度的评估方法。在这项研究中,为了定量评估方法所预测的板波格林函数以及最终求解的散射波场质量,使用了两种指标。第一个指标为均方根误差 (RMSE),其定义如下:

$$\text{RMSE} = \sqrt{\frac{\sum_{i=1}^{N}(x_i - \hat{x}_i)^2}{N}} \quad (5.30)$$

其中,N 为所评估的数据点总数;x_i 和 $\hat{x}_i$ 分别为参考值以及预测值。RMSE 值越小代表模型预测效果越好。第二个评估指标为峰值信噪比 (PSNR),其定义如下:

$$\text{PSNR} = 20\log_{10}\left(\frac{x_{\max}}{\text{RMSE}}\right) \quad (5.31)$$

其中,$x_{\max}$ 为参考数据向量中的最大值。PSNR 值越大代表模型预测效果越好。

5.3　DBEM 求解含缺陷散射波场数值验证

5.3.1　等效板波格林函数响应求解

本节首先对神经网络求解板波格林函数的方法进行验证。对于如图 5.1 所示厚度为 h 的钢板，其材料参数是，杨氏模量 E 为 206GPa，泊松比 ν 为 0.2916，密度 ρ 为 7800kg/m^3。研究中设置点源激励的大小为 1N，频率为 1MHz，分别在 x_1 和 x_2 方向进行激励。

图 5.6 和图 5.7 分别展示了点源激励位于左下角，方向分别为 x_1 和 x_2 时在近场定义的矩形缺陷区范围内全空间格林函数、利用 5.2.2 节方法求解出的等效板波格林函数以及训练后神经网络所预测等效板波格林函数。从图中可以看出，由于不受结构边界的影响，全空间应力和位移格林函数场（见图 5.6(a) 和图 5.7(a)）呈现为单一频率单一模态的简谐波模式，从激励中心向四周发散。与之相比，对于等效板波格林函数（见图 5.6(b) 和图 5.7(b)），点源所产生的扰动在传播过程中遇结构边界发生散射，产生了包含多种模式的复杂散射波场。尤其从图 5.6(b) 和图 5.7(b) 所示的位移波场可以看出，从左下角激发的波被上边界反射，形成以上边界为中心的清晰散射波场。这表明，5.2.2 节中的运算能够有效推导出等效板波

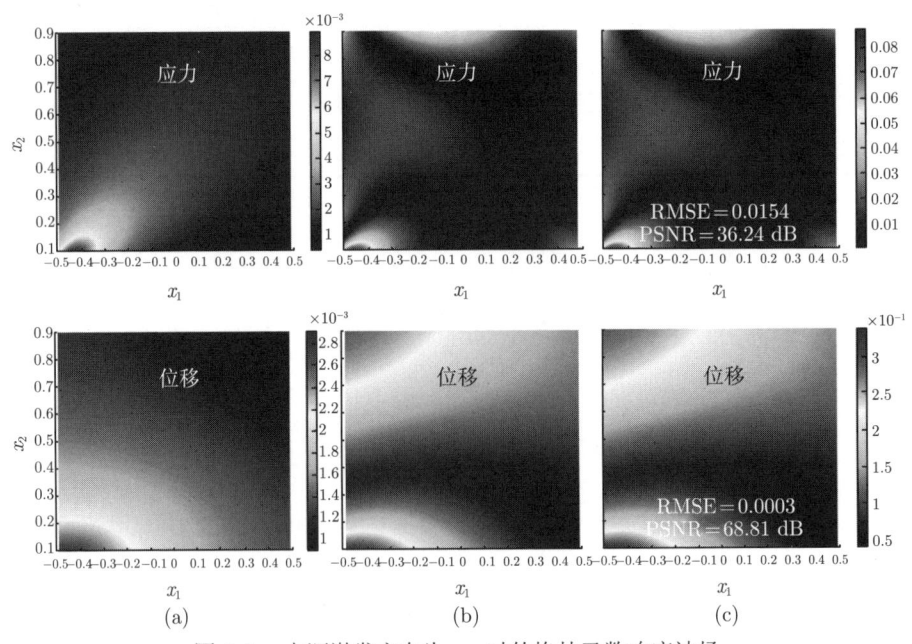

图 5.6　点源激发方向为 x_1 时的格林函数响应波场

(a) 全空间格林函数应力位移场分布；(b) 等效板波格林函数应力位移场分布；(c) 神经网络预测的等效板波格林函数应力位移场分布

5.3 DBEM 求解含缺陷散射波场数值验证

格林函数，该格林函数反映出单一模态入射波在完好板上下边界间来回反射形成多模态耦合的波场，若将该格林函数分布应用于边界积分方程 (5.1) 求解含缺陷结构的散射波场，由于平板上下边界的作用已经在格林函数中体现，此时仅需对相对于完好板来说额外的缺陷边界 (图 5.1 中的 S_3) 进行积分，即可实现对缺陷散射波场的快速求解。

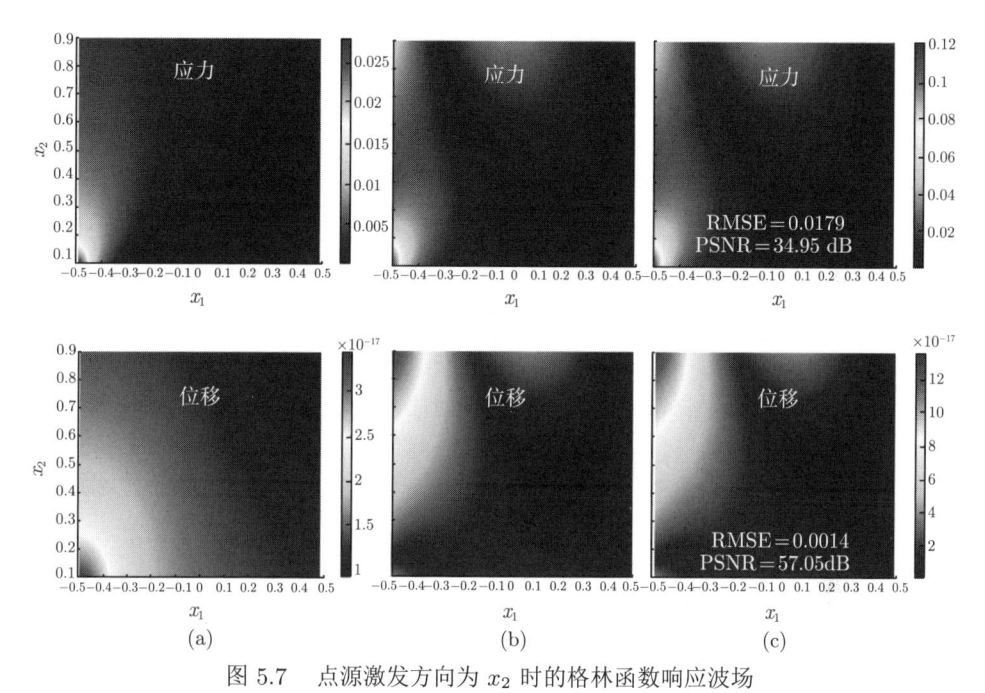

图 5.7　点源激发方向为 x_2 时的格林函数响应波场

(a) 全空间格林函数应力位移场分布；(b) 等效板波格林函数应力位移场分布；(c) 神经网络预测的等效板波格林函数应力位移场分布

完成等效板波格林函数的验证后，下一步是构建如表 5.1 所示神经网络，同时利用 5.2.3 节所述的方法生成数据集并对神经网络进行训练。神经网络训练完成后，将图 5.6(a) 和图 5.7(a) 所示的全空间格林函数响应以及对应的源点场点坐标值输入神经网络进行计算，网络预测出对应的等效板波应力和位移格林函数响应，结果如图 5.6(c) 和图 5.7(c) 所示。通过将预测结果与图 5.6(b) 和图 5.7(b) 的实际板波格林函数分布对比，可以看出神经网络预测的应力和位移波场与实际波场基本相符，表明本章所提出的神经网络能够有效模拟板波格林函数。

图 5.6(c) 和图 5.7(c) 中给出了预测精度的定量评估结果，即预测结果相较于真实值的 RMSE 值和 PSNR 值。定量评估结果表明神经网络预测结果的 RMSE 值即误差较低且 PSNR 值较高，说明神经网络可以实现对等效板波格林函数响应

的高精度计算。此外，从图 5.6(c) 可以看出，模型对于应力格林函数预测结果的 RMSE 和 PSNR 分别为 0.0154 和 36.24 dB，而对于位移格林函数预测结果的 RMSE 为 0.0003(低 98.05%)，PSNR 为 68.81dB(高 32.57dB)，即模型对于位移格林函数的预测效果更好。从图 5.7(c) 也可以得出同样的结论：模型对于应力格林函数预测的 RMSE 和 PSNR 分别为 0.0179 和 34.95dB，而对于位移格林函数的预测 RMSE 为 0.0014(低 92.18%) 以及 PSNR 为 57.05 dB(高 22.10 dB)。由此可见神经网络对等效板波位移格林函数响应的预测性能更好，原因可能在于应力波场相对于位移波场更加复杂，在这种情况下，可通过增加图 5.5(a) 所示的采样网格密度 (即增加采样数量) 来提高神经网络对于复杂波场的模拟精度。

5.3.2 含表面缺陷平板散射波场求解

在完成神经网络的训练后，下一步是将该神经网络与边界积分方程 (5.17) 相结合求解含缺陷结构的散射波场。如图 5.4 红框中所示，由于已知板波格林函数，只需对缺陷边界进行积分，在对积分方程 (5.17) 进行离散化后 (对缺陷边界划分单元)，将缺陷边界元的节点坐标以及全空间格林函数值输入神经网络，网络计算出对应的等效板波格林函数后 (等效应力格林函数为 H_{mod}，等效位移格林函数为 G_{mod})，代入矩阵方程 (5.18) 即可计算散射波场。式 (5.18) 中 T_3 表示缺陷边界上的应力，可根据入射场计算得到。设结构中的总波场为 u^{tot}，其可以分解为已知入射波场 u^{inc} 和未知散射波场 u^{sca} 的叠加：

$$u^{\mathrm{tot}} = u^{\mathrm{inc}} + u^{\mathrm{sca}} \tag{5.32}$$

假设由入射波场 u^{inc} 在缺陷边界上所产生的应力场为 $t^{\mathrm{inc}} = n_j \tau_{ij}^{\mathrm{inc}}$，而缺陷边界自由，即 $t^{\mathrm{tot}} = 0$，相当于散射波在缺陷边界上施加了反向作用力 $t^{\mathrm{sca}} = -n_j \tau_{ij}^{\mathrm{inc}}$，因此在确定入射波场后，式 (5.18) 中的散射波应力场 T_3 即可确定。在本章中，入射波是频率为 1MHz 的 S0 模态 Lamb 波。

在本节的算例中，利用 DBEM 求解了矩形、弧形以及 V 形三种几何形状表面减薄缺陷的散射波位移场，同时考察了缺陷深度的变化对最终求解精度的影响。图 5.8~ 图 5.10 给出了利用 DBEM 求解散射波位移场的结果，并与 MBEM 以及 BEM 的计算结果进行了对比。从计算结果可以看出，若以 MBEM 的结果为标准，传统 BEM 方法求解结果的精度较低，特别是在缺陷较深即散射较强的时候，BEM 的求解误差极大，原因就在于 BEM 方法在使用全空间格林函数作为基本解时，并没有对完整的平板结构边界进行积分，使得求解出的散射波场无法满足完整的结构边界条件，因而造成了精度损失；与 BEM 相比，DBEM 的求解精度更高，原因在于其利用深度神经网络求解出了平板结构的格林函数，仅对缺陷边界进行积分的情况下也能实现较高的求解精度。

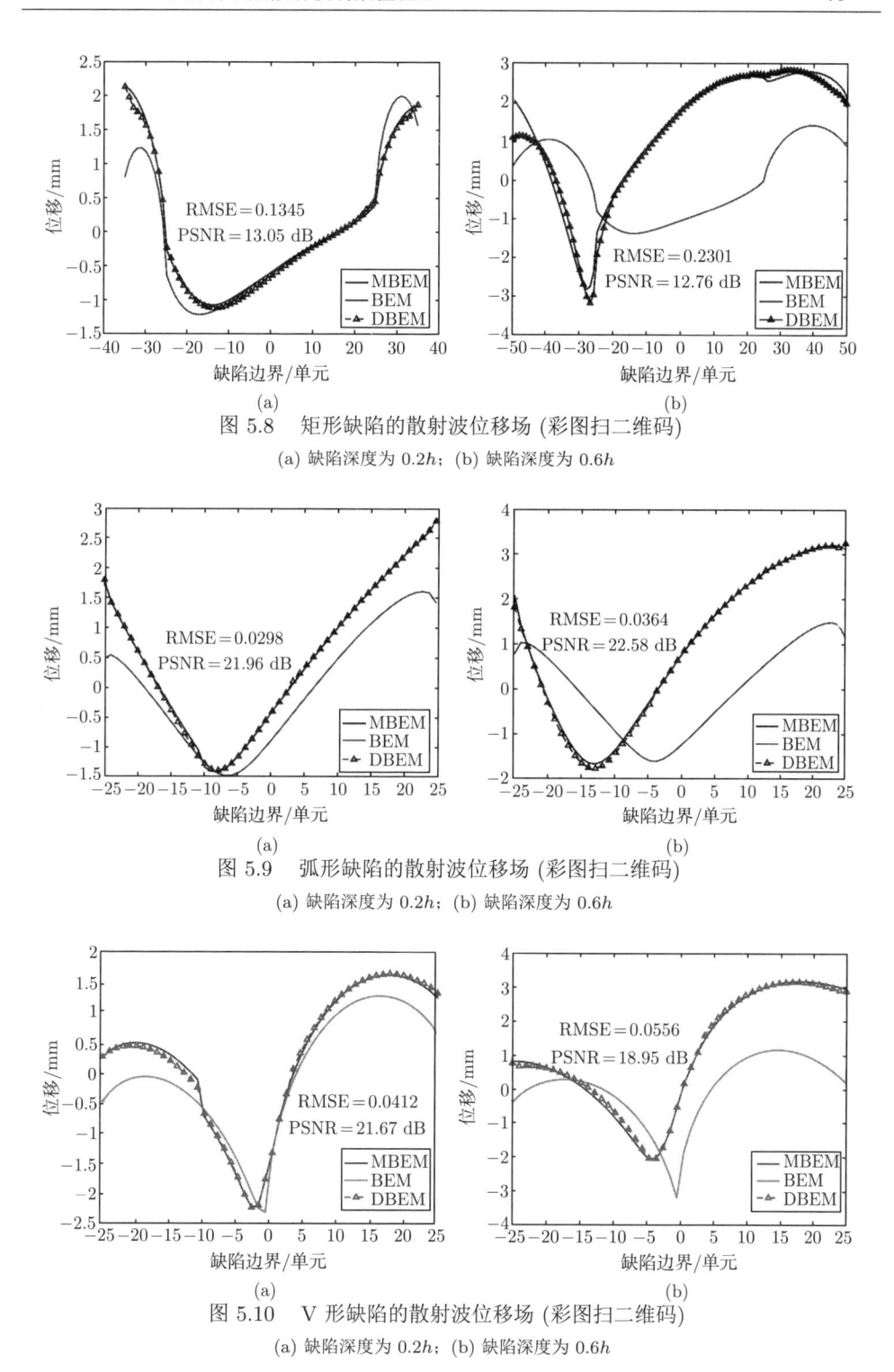

5.3 DBEM 求解含缺陷散射波场数值验证

图 5.8 矩形缺陷的散射波位移场 (彩图扫二维码)

(a) 缺陷深度为 $0.2h$;(b) 缺陷深度为 $0.6h$

图 5.9 弧形缺陷的散射波位移场 (彩图扫二维码)

(a) 缺陷深度为 $0.2h$;(b) 缺陷深度为 $0.6h$

图 5.10 V 形缺陷的散射波位移场 (彩图扫二维码)

(a) 缺陷深度为 $0.2h$;(b) 缺陷深度为 $0.6h$

表 5.2 给出了对计算结果的定量化评估结果。可以看出，DBEM 对于深度为 $0.2h$ 的弧形缺陷散射波位移场求解精度最高，均方根误差 RMSE 为 0.0298，峰值信噪比 PSNR 为 21.96dB；而对于深度为 $0.6h$ 的矩形缺陷求解精度最低，RMSE 高了 87.05%，对应的 PSNR 低了 9.2dB。总体来看，DBEM 对于三种缺陷在较浅 ($0.2h$) 情况下的平均求解误差为 0.0685，平均 PSNR 为 18.89dB，缺陷深度增加为 $0.6h$ 后，平均误差增加了 56.79%，平均 PSNR 降低了 0.79dB。从结果可以推测出 DBEM 的求解精度随缺陷深度的增加而下降。在本项目中数据采样时，网格密度设定为 10×10，后续应用中可通过增加网格密度，提高空间采样率进一步提高 DBEM 的求解精度。

表 5.2　DBEM 求解散射波位移场的定量化评估结果

类型	缺陷深度 = $0.2h$		缺陷深度 = $0.6h$	
	RMSE	PSNR/dB	RMSE	PSNR/dB
矩形缺陷	0.1345	13.05	0.2301	12.76
弧形缺陷	0.0298	21.96	0.0364	22.58
V 形缺陷	0.0412	21.67	0.0556	18.95
平均值	0.0685	18.89	0.1074	18.10

5.3.3　DBEM 散射波场求解效率评估

如前面内容所述，MBEM 通过引入虚拟边界的方式计算了无穷远处的积分，实现了散射波场的精确求解，但其求解过程复杂且求解时间较长，难以实现快速的仿真分析；BEM 忽略了无穷远处的积分，因而其可以快速求出散射波场，但损失了精度。与 MBEM 和 BEM 相比，DBEM 将散射波场的计算分为了线下准备和线上分析两个阶段。在线下准备阶段，研究人员会耗费一定的时间构建数据集训练网格模型；而在线上分析阶段，用户可利用 DBEM 实现快速精确的求解，其精度高的原因已在 5.3.2 节中阐述，其效率高的原因主要有两点：①神经网络在训练完成后，是一个参数化的前馈计算模型，可一步计算出等效板波格林函数，且其并行运算的机制有着极高的效率；②在获得等效板波格林函数后，DBEM 只需对缺陷这一局部区域进行积分，因而极大地简化了计算。为了验证 DBEM 的计算效率，本节研究了在边界元求解划分不同网格密度的情况下，利用 MEBM、BEM 和 DBEM 计算散射波场所需的时间。对于 MBEM 和 BEM，图 5.1 所示的结构模型中的截断处与原点 O 距离为 $5h$，非缺陷区域的网格大小固定为 $0.01h$，本节验证的缺陷类型为矩形，深度为 $0.5h$，宽度为 $1h$。考虑了缺陷区域的网格大小分别为 $0.04h$、$0.03h$、$0.02h$、$0.01h$ 和 $0.005h$，即相应的缺陷区域网格数为 50、66、100、200 和 400 共五种情况下的求解情况。网格划分后，使用上述三种方法解决散射波场，然后找出每种方法的计算时间与计算网格数之间的关系，如图 5.11 所示。从图中可以看出，DBEM 具有最高的计算效率 (相同网格数量情况下计算时间最短)，并且 DBEM 方法计算时间随网格数量增加的增长率最低 (约 0.0032)。由此可见，将数据驱动的人工神经网络与边界元法相结合，是一种高效的导波散射分析方法，这种方法在导波检测在线分析、导波散射场数据库构建等领域具有较好的应用前景。

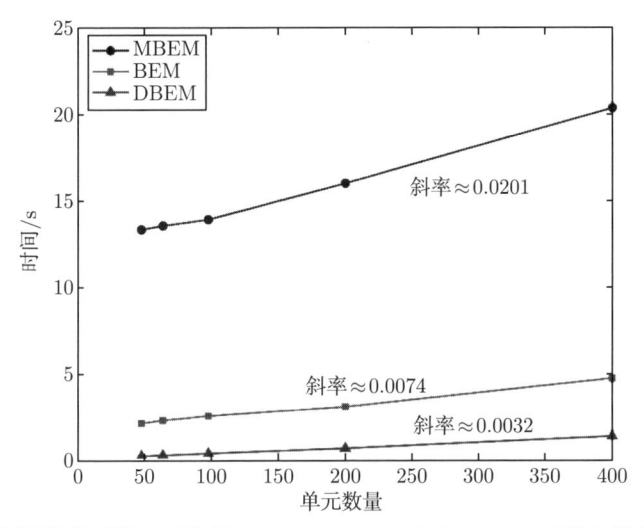

图 5.11 在不同网格数量情况下使用 BEM、MBEM 以及 DBEM 三种方法的求解时间对比

5.4 本章小结

本章提出了一种新的耦合深度学习的边界元法 (DBEM)，用以实现在超声导波检测中由结构缺陷所产生散射波场的快速和精确计算。该方法先从修正边界元法出发，经过推导得到数值形式的等效板波格林函数基本解，然后构建神经网络模型，经过样本训练后，该模型实现了从全空间格林函数到板波格林函数的映射，再将算得的板波格林函数代入弹性动力学方程，即可在仅对缺陷边界进行积分的情况下快速求解出散射波位移场。为了证明 DBEM 的有效性和高效性，开展了数值验证实验，主要结论如下：

(1) 训练后的深度神经网络能够将单一模态的全空间格林函数映射为包含多模态耦合的复杂板波格林函数，以此为简化边界元法、提高计算效率提供了重要支撑；

(2) DBEM 是一种结合了弹性动力学方法和数据驱动神经网络的通用求解方法，适用于不同结构的波导以及不同形状的结构缺陷，对于一个新的波导结构，构建方式是利用全空间格林函数对结构的全边界进行积分，并利用修正边界元得到无穷远边界的修正项，然后以此为基础通过矩阵变换得到等效的波导结构格林函

数,对神经网络进行训练后与弹性动力学方程耦合,即可实现对该结构缺陷散射波场的快速求解;

(3) 与其他需要对整个结构边界进行建模运算的边界元法相比,DBEM 只需要对缺陷边界划分网格,并通过引入能够进行并行计算的神经网络,实现散射波场的快速求解,这种方法在导波检测在线分析、导波散射场数据库构建等领域具有较好的应用前景。

参 考 文 献

[1] Leung H K, Chen X Z, Yu C W, et al. A deep-learning-based vehicle detection approach for insufficient and nighttime illumination conditions[J]. Applied Sciences, 2019, 9(22): 4769.

[2] Zhao H, Chen J, Wang T N. Research on simulation analysis of physical training based on deep learning algorithm[J]. Scientific Programming, 2022, 2022(1): 8699259.

[3] Drinkwater B W, Wilcox P D. Ultrasonic arrays for non-destructive evaluation: A review[J]. NDT & E International, 2006, 39(7): 525-541.

[4] Koshiba M, Karakida S, Suzuki M. Finite-element analysis of Lamb wave scattering in an elastic plate waveguide[J]. IEEE Transactions on Sonics and Ultrasonics, 1984, 31(1): 18-24.

[5] Rajagopalan J, Balasubramaniam K, Krishnamurthy C V. A single transmitter multi-receiver (STMR) PZT array for guided ultrasonic wave based structural health monitoring of large isotropic plate structures[J]. Smart Materials and Structures, 2006, 15(5): 1190.

[6] Shen Y F, Giurgiutiu V. Combined analytical FEM approach for efficient simulation of Lamb wave damage detection[J]. Ultrasonics, 2016, 69: 116-128.

[7] Zhao X. Quantitative defect characterization via guided waves[D]. Pennsylvania: The Pennsylvania State University, 2003.

[8] Cho Y, Rose J L. An elastodynamic hybrid boundary element study for elastic guided wave interactions with a surface breaking defect[J]. International Journal of Solids and Structures, 2000, 37(30): 4103-4124.

[9] Kitahara M, Nakahata K, Ichino T. Application of BEM for the visualization of scattered wave fields from flaws[J]. AIP Conference Proceedings, American Institute of Physics, 2004, 700(1): 43-50.

[10] Ba Z N, Liang J W. Fundamental solutions of a multi-layered transversely isotropic saturated half-space subjected to moving point forces and pore pressure[J]. Engineering Analysis with Boundary Elements, 2017, 76: 40-58.

第 6 章 耦合物理模型的数据驱动导波定量化缺陷重构

6.1 引 言

对于飞机机翼、轮船甲板等结构部件,在长时间服役后难免会发生损伤,对其定期检测,能有效避免事故的发生。超声导波检测是针对板、管道等波导结构的有效检测手段,具有能量集中、检测距离远、检测灵敏度高等优势[1]。在早期,关于导波检测的研究主要为定性检测,后逐渐发展为尺寸评估甚至定量化的缺陷重构[2]。传统的导波缺陷检测反问题算法是基于导波散射的物理机理,主要可分为线性模型和迭代模型两大类。线性模型方法主要通过引入 Born 近似等假设,将导波散射场信号与缺陷形状之间的非线性关系近似为线性关系进而实现近似化重构[3];迭代模型方法则通过引入一些优化算法,通过迭代运算的方式获得散射场信号与缺陷形状之间的非线性映射关系[4]。显然,线性模型方法和迭代模型方法分别存在精度不足和效率不高的问题,为了解决这些问题,需要寻找新的思路。

如前面内容所述,近年来以深度学习为代表的人工智能技术快速发展,并在工业界得到了广泛应用。例如,有学者利用深度神经网络实现了磁共振成像[5]以及正电子发射型成像[6],也将其应用于漏磁检测[7]和结构健康监测[8],皆实现了较好的效果。鉴于此,本书系统性地研究了深度学习数据驱动方法在定量化导波检测中的应用。在第 5 章中,提出了将神经网络与边界元法相结合进行导波散射波场求解的方法,本章则将神经网络与传统线性导波检测模型相结合进行缺陷重构研究,主要探索将残差神经网络与波数空间域变换法结合后的缺陷重构效果。

本章的结构安排是,6.2 节介绍了基于波数空间域变换法的缺陷重构建模原理和推导过程;6.3 节详细阐述了耦合物理模型的数据驱动缺陷重构方法,包含将波数空间域变换法与残差网络相结合的逻辑思路和原理;6.4 节通过数值算例验证了所提出方法对于不同类型表面缺陷重构的性能,同时测试算法的鲁棒性;6.5 节对全章内容进行了总结。

6.2 缺陷重构物理模型——波数空间域变换法

对于图 6.1 所示的含表面缺陷二维板，在右侧入射 SH 波场，其与缺陷发生作用后产生反射波，反射波经传感器接收后，可获得波的反射系数 (反射波幅值与入射波幅值的比值)，波数空间域变换 (wavenumber-spatial transformation, WNST) 法则以多种频率的反射系数为输入，经域变换求解后输出得到缺陷的形状。对于波数空间域变换法的推导过程如下所述。

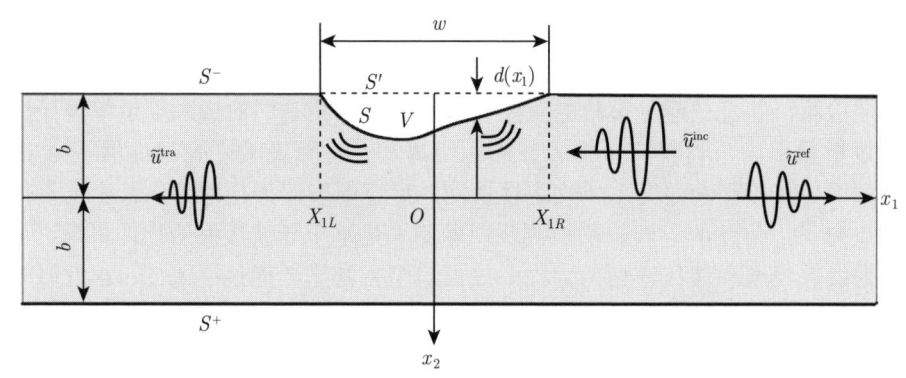

图 6.1 超声 SH 波遇平板减薄缺陷发生反射和透射

首先从平板中的波动方程以及对应的边界条件出发，推导出板中的位移场分布。假设本问题中入射的 SH 波为一个自右向左传播的单纯模态，则入射波和反射波的位移可表示为

$$\begin{cases} \tilde{u}^{\text{inc}} = A_n^{\text{inc}} f_n(\beta_n x_2) e^{+i\xi_n x_1} \\ \tilde{u}^{\text{ref}} = A_n^{\text{ref}} f_n(\beta_n x_2) e^{-i\xi_n x_1} \\ \beta_n = \dfrac{n\pi}{2b}, \quad \xi_n = \sqrt{\dfrac{\omega^2}{V_s^2} - \beta_n^2} \end{cases} \quad (6.1)$$

其中，$\tilde{u}^{\text{inc}}$ 和 $\tilde{u}^{\text{ref}}$ 分别表示入射和反射波；n 表示第 n 阶 SH 波模态，$n = 0, 1, 2, \cdots$；β_n 表示波的频率；A_n^{inc} 和 A_n^{ref} 表示波的振幅系数；$f_n(x)$ 定义为

$$f_n(x) = \begin{cases} \cos x, & n = 0, 2, 4 \\ \sin x, & n = 1, 3, 5 \end{cases} \quad (6.2)$$

反射系数定义为

$$C^{\text{ref}} = \dfrac{A_n^{\text{ref}}}{A_n^{\text{inc}}} \quad (6.3)$$

6.2 缺陷重构物理模型——波数空间域变换法

应用动力学互易定理以及平板中的格林函数 $\tilde{u}^*(\boldsymbol{X}, \boldsymbol{x})$，可以得到关于散射波位移场的边界积分方程：

$$u^{\text{sca}}(\boldsymbol{x}) = \int_S \left(u^{\text{tot}}(\boldsymbol{X}) \mu \frac{\partial u^*(\boldsymbol{X}, \boldsymbol{x})}{\partial n(\boldsymbol{X})} - \mu \frac{\partial u^{\text{tot}}(\boldsymbol{X})}{\partial n(\boldsymbol{X})} u^*(\boldsymbol{X}, \boldsymbol{x}) \right) \mathrm{d}s(\boldsymbol{X}) \qquad (6.4)$$

其中，$\boldsymbol{X}$ 和 $\boldsymbol{x}$ 分别表示源点和场点；$u^{\text{sca}}(\boldsymbol{x})$ 和 $u^{\text{tot}}(\boldsymbol{X})$ 分别表示散射波场和总场。因为缺陷边界自由，可得 $\dfrac{\partial u^{\text{tot}}(\boldsymbol{X})}{\partial n(\boldsymbol{X})} = 0$；对于弱散射问题，可以利用 Born 近似将式 (6.4) 中的 $u^{\text{tot}}(\boldsymbol{X})$ 以入射场 $u^{\text{inc}}(\boldsymbol{X})$ 代替，即

$$u^{\text{sca}}(\boldsymbol{x}) \approx \int_S u^{\text{inc}}(\boldsymbol{X}) \mu \frac{\partial u^*(\boldsymbol{X}, \boldsymbol{x})}{\partial n(\boldsymbol{X})} \mathrm{d}s(\boldsymbol{X}) \qquad (6.5)$$

利用高斯定理，可以将面积分转化为缺陷区域的体积分：

$$u^{\text{sca}}(\boldsymbol{x}) \approx \int_V \left(-k^2 u^{\text{inc}}(\boldsymbol{X}) \mu u^*(\boldsymbol{X}, \boldsymbol{x}) + \mu \frac{\partial u^*(\boldsymbol{X}, \boldsymbol{x})}{\partial x_i} \frac{\partial u^{\text{inc}}(\boldsymbol{X})}{\partial x_i} \right) \mathrm{d}V(\boldsymbol{X}) \qquad (6.6)$$

将格林函数 $u^*(\boldsymbol{X}, \boldsymbol{x})$ 代入式 (6.6) 可得

$$\tilde{u}^{\text{ref}}(\boldsymbol{x}) = \frac{\mathrm{i}}{2b} A_n^{\text{inc}} \int_V \frac{\xi_n^2 + k^2 \cos(2\beta_n X_2)}{\xi_n} \mathrm{e}^{2\mathrm{i}\xi_n X_1} \mathrm{d}V(\boldsymbol{X}) \times \cos(\beta_n x_2) \mathrm{e}^{-\mathrm{i}\xi_n x_1} \qquad (6.7)$$

结合式 (6.7) 和式 (6.3) 可知，式 (6.7) 中的积分项即为反射系数 C^{ref}，进一步将体积分表征为二重积分可得

$$C^{\text{ref}} = \frac{A_n^{\text{ref}}}{A_n^{\text{inc}}} = \frac{\mathrm{i}}{2b} \frac{\xi_n^2 + k^2}{\xi_n} \int_{-\infty}^{+\infty} d(X_1) \mathrm{e}^{2\mathrm{i}\xi_n X_1} \mathrm{d}X_1 \qquad (6.8)$$

其中，C^{ref} 表示反射系数；$d(X_1)$ 为缺陷形状函数，表示缺陷在 X_1 方向的深度变化情况。观察式 (6.8) 可以发现，反射系数与缺陷形状呈傅里叶变换对，因此缺陷形状可以表示为反射系数的傅里叶逆变换：

$$d(X_1) = \frac{1}{2\pi} \int_{-\infty}^{+\infty} \frac{-2\mathrm{i}b\xi_n}{\xi_n^2 + k^2} C^{\text{ref}} \mathrm{e}^{-2\mathrm{i}\xi_n X_1} \mathrm{d}(2\xi_n) \qquad (6.9)$$

其中，缺陷形状 $d(X_1)$ 为空间域的函数；反射系数 C^{ref} 为波数域的函数，因此称以上方法为波数空间域变换法。

6.3 耦合物理模型的数据驱动缺陷重构法

6.2 节给出了基于波数空间域变换的导波缺陷重构方法，由推导过程可知，为了构建反射系数与缺陷形状之间的变换关系，引入了 Born 近似，同时，在推导格林函数 $u^*(\boldsymbol{X}, \boldsymbol{x})$ 时也引入了远场假设，最终得到了关于缺陷形状与反射系数之间呈傅里叶变换对的关系。显然，这些近似条件的引入会降低重构的精度，特别是在缺陷较深即散射较强时，这种线性重构的方法很难表征出缺陷形状与反射系数之间的非线性变换关系。在这种背景下，考虑引入数据驱动神经网络模型，与上述的线性重构模型相结合来实现高精度的缺陷重构。

在声波沿介质传播的过程中，遇到缺陷并与其相互作用发生散射，形成相应的透射波场和反射波场，这个过程称为正散射，可以表示为

$$\boldsymbol{y} = \boldsymbol{T}\boldsymbol{x} + \boldsymbol{\xi} \tag{6.10}$$

其中，$\boldsymbol{x}$ 表示散射源，在本节研究中为平板的表面减薄缺陷；$\boldsymbol{y}$ 表示观测到的散射信号；$\boldsymbol{T}$ 表示线性散射算子；$\boldsymbol{\xi}$ 表示误差，用于表征 $\boldsymbol{x}$ 和 $\boldsymbol{y}$ 之间的非线性关系。散射反演的任务是在知道 $\boldsymbol{y}$ 的情况下计算出 $\boldsymbol{x}$。解决该问题的方法分为如下几种。第一种是直接求解，即构建线性的反问题模型，上述的波数空间域变换法即属于这种，可以表示为

$$\boldsymbol{x} = \hat{\boldsymbol{T}}^{-1}\boldsymbol{y} \tag{6.11}$$

其中，$\hat{\boldsymbol{T}}^{-1}$ 表示线性逆散射算子。这种方法的优势在于对于简单结构的缺陷重构，能在短时间内完成反演计算；不足是由于散射反演为不适定问题，难以计算出精确的结果，尤其是在散射变强时，重构精度会进一步下降。第二种解决散射反演的方法为基于迭代的方法，如 QDFT 法，可以表示为

$$O\{\boldsymbol{y}\} = \arg\min_{\boldsymbol{x}} f(T\{\boldsymbol{x}\} + \boldsymbol{\xi}, \boldsymbol{y}) \tag{6.12}$$

其中，函数 f 为误差函数，表征正散射结果 $T\{\boldsymbol{x}\} + \boldsymbol{\xi}$ 和 $\boldsymbol{y}$ 之间的误差。基于迭代的方法的优势在于能求解出精度较高的结果；劣势在于优化迭代的过程需要进行大量的计算，时间成本较高。

第三种解决散射反演问题的方法为基于机器学习的方法，即通过样本训练的方式构建出反问题模型，用公式可表示为

$$L = \arg\min_{\theta} \sum_{n=1}^{N} f(\boldsymbol{x}_n, L_\theta\{\boldsymbol{y}_n\}) + g(\theta) \tag{6.13}$$

6.3 耦合物理模型的数据驱动缺陷重构法

其中，$\boldsymbol{x}_n$ 和 $\boldsymbol{y}_n$ 表示一对训练样本，组合表示为 $(\boldsymbol{x}_n, \boldsymbol{y}_n)$；$N$ 表示训练样本的总数；L_θ 为构建的神经网络，用于进行反演计算；θ 为神经网络中的待定参数，是训练过程中迭代更新的对象；函数 f 为误差函数，用以表征样本 $\boldsymbol{x}_n$ 和 $L_\theta\{\boldsymbol{y}_n\}$ 之间的差异；$g(\theta)$ 为正则化项，作用是对参数 θ 的值进行限制以降低训练模型 L_θ 的复杂度，防止过拟合。利用机器学习的方法解决散射反演问题的优势在于当神经网络的训练完成后，既能实现较高的重构精度，也能实现较高的计算效率；不足在于用于训练网络的样本需求量较大，即小样本问题。解决小样本问题的一个有效的手段是将物理模型引入数据驱动模型，以减少模型对于数据量的需求。

在本章中，探索了将 6.2 节所述的波数空间域变换法与残差神经网络 ResNet 以局部融合的方式相结合解决超声导波缺陷重构问题，这种方法命名为 PI-ResNet，用公式表示所提方法为

$$L = \arg \sum_{n=1}^{N} f(\boldsymbol{x}_n, L_\theta\{\hat{\boldsymbol{T}}^{-1}\boldsymbol{y}_n\}) + g(\theta) \tag{6.14}$$

由式 (6.14) 可知，神经网络模型的训练样本对为 $(\boldsymbol{x}_n, \hat{\boldsymbol{T}}^{-1}\boldsymbol{y}_n)$，其中 $\boldsymbol{x}_n$ 为真实的缺陷形状；$\hat{\boldsymbol{T}}^{-1}$ 为缺陷重构物理模型；$\hat{\boldsymbol{T}}^{-1}\boldsymbol{y}_n$ 表示预重构缺陷；L_θ 表示神经网络模型，本章探索了利用残差网络进行缺陷重构的形式；f 为模型训练的损失函数，表征训练样本对中 $\boldsymbol{x}_n$ 和 $\hat{\boldsymbol{T}}^{-1}\boldsymbol{y}_n$ 之间的差异大小；θ 为神经网络中的待定参数；$g(\theta)$ 表示正则化项。图 6.2 给出了将神经网络与物理模型相结合进行缺陷重构的基本过程，可分为两步进行：①构建样本数据集，数据集中包含缺陷的真实形状以及预重构的不精确形状，并对神经网络进行训练；②训练完成后，对于任意未知的缺陷，获得散射波信号后，先输入波数空间域变化法进行预重构，然后将结果输入神经网络进行二次修正，得到精确的缺陷形状。

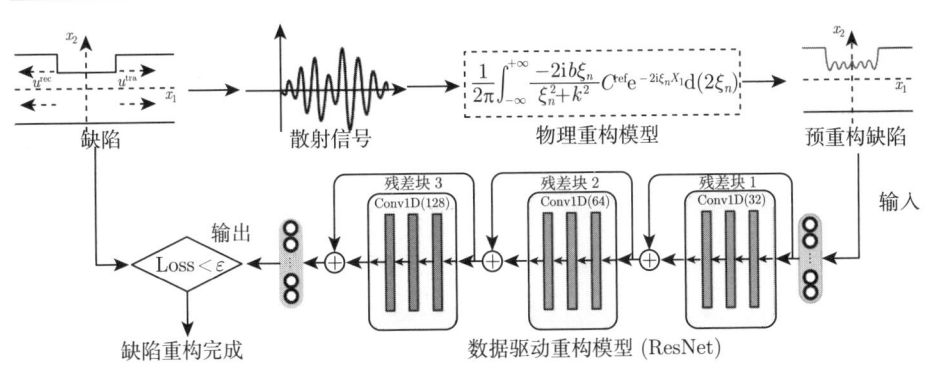

图 6.2 耦合物理模型的数据驱动缺陷重构方法流程

本章探索了波数空间域变换耦合残差神经网络的缺陷重构方法 (PI-ResNet)。PI-ResNet 是寻找非精确缺陷与精确缺陷之间的差值关系，同时，利用残差网络的结构特性，还可将两者的差值分解为多个子差集的叠加，使其更容易拟合出信号之间的非线性关系。本章所设计的残差神经网络包含三个残差块，每个残差块由一维卷积神经网络组成，模型的总参数量为 106433。具体的模型结构参量如表 6.1 所示。

表 6.1　PI-ResNet 残差神经网络结构参量

层名称	层类型	核大小	卷积步长	卷积填充	激活函数	丢弃率	参数量
Input	Input						0
Residual Block 1	Conv1D (32)	3	1	same	ReLU		128
	Conv1D (32)	3	1	same	ReLU		3104
	Conv1D (shortcut)	1	1	same			32
Dropout 1	Dropout					0.15	0
Residual Block 2	Conv1D (64)	3	1	same	ReLU		6208
	Conv1D (64)	3	1	same	ReLU		12352
	Conv1D (shortcut)	1	1	same			2048
Dropout 2	Dropout					0.15	0
Residual Block 3	Conv1D (128)	3	1	same	ReLU		24704
	Conv1D (128)	3	1	same	ReLU		49280
	Conv1D (shortcut)	1	1	same			8192
Output	Conv1D (1)	3	1	same	Linear		385

6.4　耦合物理模型的数据驱动缺陷重构数值验证

6.4.1　数据集准备

在本章研究中，利用修正边界元法 (MBEM) 计算导波缺陷正散射波场并形成样本数据集，用于 PI-ResNet 方法的训练和测试。在算例中，平板材料为钢，杨氏模量 E=207.18GPa，泊松比 $\nu = 0.2949$，密度 ρ=7800kg/m^3，板厚为 1mm。样本数据中的缺陷包含三种类型：V 形缺陷、矩形缺陷以及阶梯形缺陷。样本数据的总量为 1200 个，三种类型的缺陷各 400 个，缺陷的宽度和深度随机变化，缺陷宽度的变化范围是 0.2~0.8mm，缺陷深度的变化范围是 0.1~0.8mm。数据集的 90% 即 1080 个样本用于神经网络的训练，剩下 120 个样本用于模型重构性能的测试。本章利用 SNR 函数定量化评估最终重构缺陷的精度，SNR 的表达式如下：

$$\mathrm{SNR}(\boldsymbol{x},\widehat{\boldsymbol{x}}) = \max_{a \in R}\left\{ 10\log_{10}\left(\frac{\|\boldsymbol{x}\|_{l_2}^2}{\|\boldsymbol{x}-a\widehat{\boldsymbol{x}}\|_{l_2}^2}\right)\right\} \qquad (6.15)$$

其中，$\boldsymbol{x}$ 表示实际缺陷；$\widehat{\boldsymbol{x}}$ 表示模型所重构的缺陷。SNR 值越大表示重构缺陷的精度越高。注意，本章研究中 SNR 所评估的不仅为缺陷处的精度，也同时评估了

6.4 耦合物理模型的数据驱动缺陷重构数值验证

缺陷附近一部分非缺陷区即完整结构处的重构精度，目的是保证缺陷重构方法不仅能有效重构缺陷的形状，同时能有效还原无缺陷区域的结构形状。

6.4.2 PI-ResNet 缺陷重构泛化性评估

利用上述 1080 个包含三类缺陷的样本数据训练神经网络后，再利用剩余的 120 个样本测试模型的缺陷重构效果。图 6.3 给出了三个缺陷重构的结果示例，将 PI-ResNet 的重构结果与 WNST 方法的重构结果进行了对比。由图 6.3 可以直观地看出，在缺陷区域，PI-ResNet 能更精确地还原出缺陷的形状；在无缺陷区域，WNST 的输出结果包含较多的杂波形，而 PI-ResNet 模型输出的结果更加平整，符合完好板的形状，更有利于缺陷在水平方向的定位。

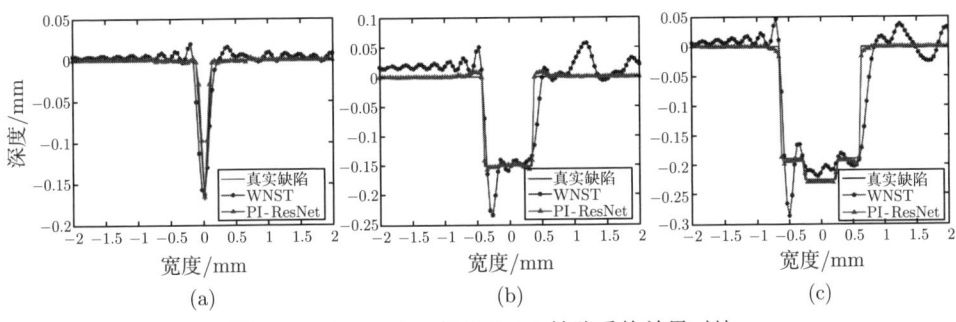

图 6.3 PI-ResNet 与 WNST 缺陷重构效果对比
(a) V 形缺陷；(b) 矩形缺陷；(c) 阶梯形缺陷

表 6.2 给出了两种方法重构缺陷的定量化评估结果。以 V 形缺陷为例，评估的方式是将 120 个样本数据中所包含的 40 个不同深度的 V 形缺陷测试样本输入 PI-ResNet 进行计算，得到对应的重构结果，然后将这些重构结果代入式 (6.15) 计算重构精度，最后以 40 个重构结果的平均精度表征模型的重构精度。从结果可以看出，PI-ResNet 的重构精度高于 WNST，特别是对于矩形以及阶梯形缺陷，重构精度可达到 29dB 以上，且所有测试项目的平均重构精度为 26.54dB，相比 WNST 方法 (8.20dB) 提高了 223.7%。

表 6.2 PI-ResNet 缺陷重构定量化评估结果

方法	V 形缺陷精度/dB	矩形缺陷精度/dB	阶梯形缺陷精度/dB	平均精度/dB
WNST	9.25	8.13	7.88	8.20
PI-ResNet	21.32	29.26	29.03	26.54

在以上测试内容中，测试数据集中的样本缺陷类型与训练数据集中的样本缺陷类型相同，只是缺陷的大小和尺寸发生了变化，为了进一步测试 PI-ResNet 方法的缺陷重构泛化性能，我们又额外构建了包含 80 个复杂形状缺陷的样本进行

测试。这些缺陷由矩形缺陷和 V 形缺陷组合而成，大小尺寸随机变化，并且 V 形缺陷在水平方向的位置也随机变化，即整体缺陷是非对称结构的。测试样本集构建完成后，首先使用 PI-ResNet 基础模型 (此时的模型仍然由上述的 1080 个包含三种基本形状的缺陷样本训练而成) 进行重构测试，图 6.4(a) 给出了其中一个样本的重构结果，可以看出，对于未知形状的复杂缺陷，PI-ResNet 仍然能够完成缺陷形状的有效重构，并且精度相比于 WNST 有所提高，这说明经过训练后的 PI-ResNet 模型一方面学习到了关于矩形、V 形以及阶梯形三种缺陷底层几何特性，另一方面也学习到了预重构的不精确形状与真实的缺陷形状之间的变换关系。表 6.3 给出了 PI-ResNet 重构复杂形状缺陷的定量化评估结果。首先将结果与表 6.2 的结果对比可以看出，缺陷形状变复杂后，缺陷重构精度有所下降；对于复杂缺陷的重构结果，相比于 WNST 法 (精度为 6.54dB)，PI-ResNet 的精度 (18.73dB) 提高了 186.39%，证明了 PI-ResNet 方法的有效性。

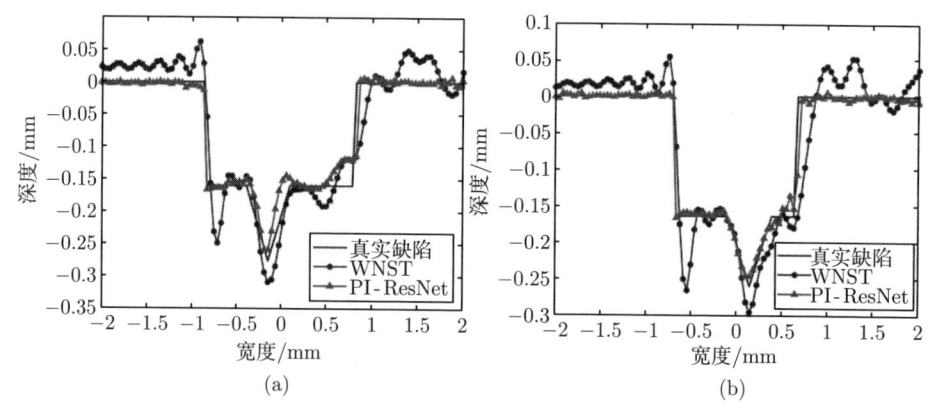

图 6.4 PI-ResNet 重构未知的复杂形状缺陷

(a) 由 1080 个样本训练后的基础 PI-ResNet 模型的重构结果；(b) 额外增加 10 个复杂缺陷样本迁移学习后的 PI-ResNet 模型的重构结果

表 6.3 PI-ResNet 对于复杂形状缺陷重构定量化评估结果

方法	平均精度/dB
WNST	6.54
PI-ResNet 基础模型	18.73
PI-ResNet 微调模型	23.56

完成上述的测试内容后，本节又进行了另一项测试：使用 10 个矩形与 V 形组合的复杂缺陷样本作为额外的补充数据对以上 PI-ResNet 基础模型进行迁移学习二次训练，得到 PI-ResNet 微调模型，并对其进行测试。测试结果如图 6.4(b) 所示，可见经过微调后模型的重构精度明显提高，从表 6.3 中也可以看出，微调模型的重构精度 (23.56dB) 相比于基础模型 (18.73dB) 提高了 25.79%。以上结果

6.4 耦合物理模型的数据驱动缺陷重构数值验证

说明通过额外补充少量的复杂组合缺陷样本并进行迁移学习微调后，能使得数据驱动模型学习到更具针对性的缺陷形状信息，进而达到提高重构精度的目的。该结论也为数据驱动缺陷重构方法的工程应用提供了思路：开发人员在研发阶段使用大量包含基础缺陷形状的数据训练获得缺陷重构数据驱动基础模型，并在相应的应用软件平台中预留二次开发接口，这样用户在使用过程中，可不断积累实际的缺陷数据并将其用于模型的微调，使得模型重构的精度能够不断地动态提高。

6.4.3 PI-ResNet 缺陷重构鲁棒性评估

6.4.2 节对 PI-ResNet 方法的缺陷重构精度以及泛化性能进行了测试，使用的测试数据都为仿真生成的理想导波信号，但是实际情况中，传感器接收的信号会包含环境噪声等误差信息。传统缺陷重构方法会先对信号进行去噪预处理再进行缺陷重构，这无疑会增加缺陷检测的工作量。与之相比，基于数据驱动的 PI-ResNet 缺陷重构方法本质上是一个由历史数据信息构建出的概率模型，因此在输入信号包含噪声的情况下，会自动从噪声数据中提取出最优的缺陷形状相关信息，即能够实现自适应去噪，具有较好的鲁棒性。为了验证 PI-ResNet 的鲁棒性，本节构建了包含高斯白噪声的样本数据集进行重构测试，样本信号中引入的高斯白噪声分为强噪声 (标准差为 0.04) 和弱噪声 (标准差为 0.02) 两个等级。首先使用 PI-ResNet 基础模型进行重构测试，图 6.5(a) 给出了测试样本中一个样例的重构结果，可以看出，在信号含噪声的情况下，若不进行去噪处理，WNST 法的重构结果已经无法表征缺陷形状的细节特征，而 PI-ResNet 可以在很大程度上实现自适应抑制噪声。定量化的评估结果如表 6.4 所示，可见，在强噪声的情况下，PI-ResNet 的重构精度 (21.38dB) 比 WNST(5.39dB) 高 296.66%；在弱噪声的情况下，PI-ResNet 的重构精度 (23.64dB) 比 WNST(6.62dB) 高 257.10%；相比于无噪声的情况 (7.88dB)，WNST 的重构精度在强弱噪声的情况下分别降低了 31.60% 和 15.99%；相比于无噪声的情况 (29.03dB)，PI-ResNet 的重构精度在强弱噪声的情况下分别降低了 26.35% 和 15.12%。定量化评估结果表明，PI-ResNet 方法受环境噪声的影响更小，有显著的自适应去噪能力，具有更强的鲁棒性。

由 6.4.2 节的测试结果可知，在使用 PI-ResNet 进行缺陷重构时，如果能利用额外的实际数据对模型进行迁移学习微调，可进一步提高重构精度。为了从去噪的角度验证这一结论，本节额外补充了 10 个含噪声的样本数据 (其中 5 个样本的噪声强度为 0.04，另 5 个样本的噪声强度为 0.02) 对 PI-ResNet 基础模型进行了迁移学习二次训练。训练完成后，使用 PI-ResNet 微调模型再次进行含噪声信号的缺陷重构测试，图 6.5(b) 的结果表明引入额外的含噪声样本数据训练后，模型对于含噪声信号的缺陷重构精度明显提高，对于缺陷几何形状的细节表征更加精确，且重构结果的缺陷轮廓线更加平滑。由表 6.4 的定量化评估结果可以看出，PI-ResNet 微调模型的重构精度在强噪声 (精度为 24.38dB) 和弱噪声 (精度为 28.81dB) 情况下相比于迁移学习前的 PI-ResNet 基础模型分别提高了 14.03% 和 21.87%。这些结论进一步表明在实际应用 PI-ResNet 进行缺陷重构时，通过补充少量的实际数据，能有效地进一步提高模型的重构精度。

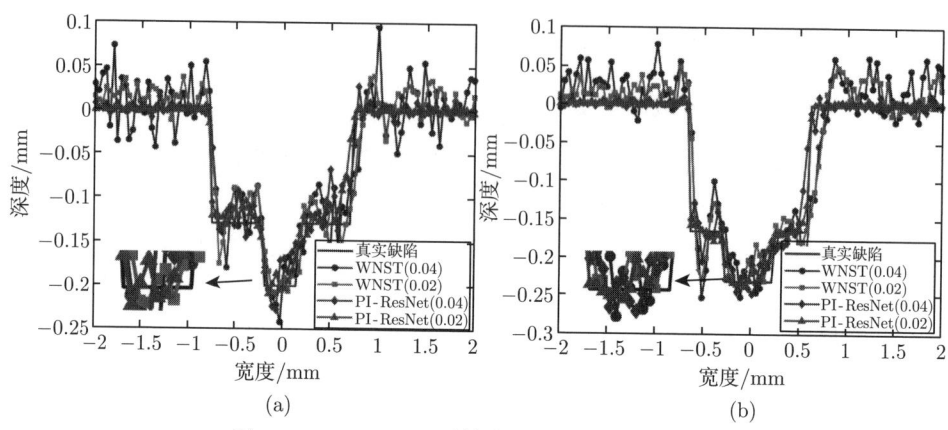

图 6.5 PI-ResNet 重构含噪声的导波散射信号

(a) 由 1080 个样本训练后的基础 PI-ResNet 模型的重构结果；(b) 额外增加 10 个含噪声缺陷样本迁移学习后的 PI-ResNet 模型的重构结果

表 6.4 PI-ResNet 对于含噪声信号的缺陷重构定量化评估结果

方法	平均精度/dB
WNST(0.04)	5.39
WNST(0.02)	6.62
PI-ResNet 基础模型 (0.04)	21.38
PI-ResNet 基础模型 (0.02)	23.64
PI-ResNet 微调模型 (0.04)	24.38
PI-ResNet 微调模型 (0.02)	28.81

6.5 本章小结

本章提出了一种新的物理模型耦合数据驱动的超声波导结构缺陷重构方法 (PI-ResNet)，该方法以局部融合的方式将 WNST 与残差神经网络相结合，实现对结构缺陷的高精度快速重构。通过比较 PI-ResNet 和 WNST 对三种类型缺陷的重构结果，证明了 PI-ResNet 方法在重构缺陷时更加有效、准确和稳定。PI-ResNet 对于三种类型缺陷的平均重构精度为 26dB，对未知的复合型缺陷也能有效重构，表明其具有良好的泛化性能，特别是对于矩形缺陷和阶梯形缺陷的重构，PI-ResNet 的重构精度比 WNST 结果提高了近 200%。此外，通过在散射场信号中添加高斯噪声干扰，发现 PI-ResNet 具有一定的自适应去噪声能力，证明其缺陷重构的稳定性较好。通常,基于单一前馈型神经网络的 PI-ResNet 缺陷重构可以在 1s 内完成。因此,相对于线性重构模型以及迭代重构模型,它是一种高精度、高效率的量化缺陷重构技术。

参 考 文 献

[1] Rita D A, Bruno M, Gouveia Carlos A J, et al. A review of signal processing techniques for ultrasonic guided wave testing[J]. Metals, 2022, 12(6): 936.

[2] Olisa S C, Khan M A, Starr A. Review of current guided wave ultrasonic testing (GWUT) limitations and future directions[J]. Sensors, 2021, 21(3): 811.

[3] Belanger P, Cawley P, Simonetti F. Guided wave diffraction tomography within the born approximation[J]. IEEE Transactions on Ultrasonics, Ferroelectrics, and Frequency Control, 2010, 57(6): 1405-1418.

[4] Lissenden C J. Nonlinear ultrasonic guided waves: Principles for nondestructive evaluation[J]. Journal of Applied Physics, 2021, 129(2): 021101.

[5] Mazurowski M A, Buda M, Saha A, et al. Deep learning in radiology: An overview of the concepts and a survey of the state of the art with focus on MRI[J]. Journal of Magnetic Resonance Imaging, 2019, 49(4): 939-954.

[6] Domingues I, Pereira G, Martins P, et al. Using deep learning techniques in medical imaging: A systematic review of applications on CT and PET[J]. Artificial Intelligence Review, 2020, 53(6): 4093-4160.

[7] Le M, Pham C T, Lee J Y. Deep neural network for simulation of magnetic flux leakage testing[J]. Measurement, 2021, 170: 108726.

[8] Azimi M, Eslamlou A D, Pekcan G. Data-driven structural health monitoring and damage detection through deep learning: State-of-the-art review[J]. Sensors, 2020, 20(10): 2778.

第 7 章　数据驱动端至端的波导结构缺陷定量化重构

7.1　引　言

第 6 章提出了耦合物理模型的数据驱动超声导波定量化缺陷重构方法，该方法的基本逻辑是将传统基于物理分析的导波缺陷重构算法与基于数据信息的深度学习算法相结合解决导波逆散射问题，以实现提高缺陷重构精度和效率的目的。将物理模型与数据驱动模型相结合进行缺陷重构具有其优势，例如，引入物理信息后模型训练所需的样本数据减少、模型的泛化能力得到提高等。但这种模式在一些应用场景下也存在其不足之处：①对于某些复杂结构，其导波传播和散射的物理机理尚不明确，难以建立精确的物理模型，这导致耦合物理信息的数据驱动方法难以实现或精度无法保证；②针对每种新的结构或缺陷类型，都需要重新推导和构建物理模型并与神经网络进行耦合，增加了方法的实现难度和工作量，不具备通用性。为了避免复杂的理论分析和推导，并提高重构模型的通用性和普适性，本章将研究纯数据驱动的端至端波导逆散射缺陷重构法。

目前，基于深度学习端至端的反问题求解方法已在多个逆散射领域成功应用。例如，在磁共振成像 (MRI) 领域，有学者提出了基于深度神经网络的图像重构算法 AUTOMAP，该算法可实现从复数域 MRI 观测信号到图像之间的变换[1]；而在正电子发射断层成像 (PET) 研究中，有学者构建了基于编码-解码神经网络的 PET 图像重构模型，该模型可以实现二维的图像重构以及三维的结构点云重构[2]；在无损检测和健康监测领域，深度学习方法也有诸多应用，例如，有学者利用最小二乘支持向量机 (LS-SVM) 实现三维的漏磁缺陷检测 (MFL)[3]，或利用神经网络实现对桁架结构的健康监测，实时定位损伤在结构中的位置[4]。有鉴于这些相关的研究，本章研究考虑引入深度神经网络以实现超声波导结构缺陷的定量化重构，开展该项研究需解决的问题主要有：①数据驱动端至端波导缺陷重构方法框架的设计；②针对导波散射场数据进行深入研究并分析其特征，然后根据特征构建有效的神经网络算法模型；③构建数据集对模型的有效性进行验证。本章将对这几个问题展开详细研究。

本章的内容安排是，7.2 节提出数据驱动端至端波导缺陷重构方法的整体框架 (Deep-guide)，对该框架的应用背景、应用对象、基本理论等内容进行说明，并从拓扑流形的角度对 Deep-guide 导波缺陷重构中的数据流进行分析，从理论上证明方法的有效性；7.3 节给出 Deep-guide 算法模型的具体结构细节，并对模型中各个层的功能进行具体阐述；7.4 节构建仿真数据库，并从多个角度对 Deep-guide 的缺陷重构性能进行测试，包含对 SH 波以及 Lamb 波的重构测试以及对缺陷定位的评估；7.5 节对影响 Deep-guide 重构性能的相关因素进行讨论分析，包含频带宽度以及样本数量的影响；7.6 节进行本章内容总结。

7.2 数据驱动端至端波导缺陷重构方法框架

如前所述，结构中导波遇缺陷发生散射可表示为以下形式：

$$\hat{y} = \mathcal{H}(x) + \xi \tag{7.1}$$

其中，x 表示结构缺陷的几何形状；$\hat{y}$ 为导波散射场信号；$\mathcal{H}$ 为正散射算子，表示从 D 维空间的缺陷形状 $x \in \mathbf{R}^D$ 到 M 维空间的含误差信号 $\hat{y} \in \mathbf{R}^M$ 之间的变换；ξ 为 M 维空间的误差项，表示 $\hat{y}$ 被环境噪声等因素破坏。

当导波散射较弱时，$\mathcal{H}$ 可以被近似表征为一个线性算子 $\mathcal{H} \in \mathbf{R}^{M \times D}$，因此相应的逆散射过程可以表示为

$$x = \mathcal{H}^{\text{inv}}(y) \tag{7.2}$$

其中，$\mathcal{H}^{\text{inv}}$ 表示从 M 维信号空间到 D 维缺陷空间的变换。前面所提及的波数空间域变换缺陷重构法[5]即这种方式，其构建了缺陷形状与散射场信号之间的线性傅里叶变换关系。然而当散射较强时，式 (7.2) 则为不适定问题，无法通过构建线性模型进行表征，这种情况下传统的解决方法是构建优化迭代模型寻找最优解，例如，管道缺陷重构中的定量傅里叶变换 (quantitative detection of Fourier transform, QDFT) 法[6]。以上两类缺陷重构方法可归结为知识驱动法，即基于物理机理构建缺陷形状和散射场信号之间的变换关系，区别于此，本章提出了基于纯数据驱动的波导缺陷重构方法 (Deep-guide)，该方法可以表示为

$$x = \mathcal{H}^{\text{net}}(\tilde{y}; \hat{\theta}) \tag{7.3}$$

其中，$\mathcal{H}^{\text{net}}$ 表示深度神经网络算子，可以实现从含噪声的散射场信号 $\tilde{y}$ 到未知缺陷形状 x 的直接变换，$\mathcal{H}^{\text{net}}$ 由大量的参数 $\hat{\theta}$ 构建而成，这些参数可利用样本数据在设定的损失函数中迭代训练得到：

$$\hat{\theta} = \arg\min_{\theta} \sum_{n=1}^{N} L_{\text{net}}(\mathcal{H}^{\text{net}}(\tilde{y}_n; \theta); x_n) \tag{7.4}$$

其中，$\widetilde{\boldsymbol{y}}_n$ 为含噪声的网络模型输入向量，与其相匹配的是预期输出向量 $\boldsymbol{x}_n$；损失函数 L_{net} 的作用是评估样本数据对之间的差异值。利用式 (7.4) 对网络模型算子 $\mathcal{H}^{\text{net}}$ 进行训练后，模型具备了输入散射场信号进而预测缺陷形状的能力。

Deep-guide 方法的整体逻辑框架如图 7.1 所示，该图从拓扑流形的角度表述了在任意波导结构以及任意导波类型的情况下，利用数据驱动模型进行缺陷重构过程中从含噪声的散射场信号 $\widetilde{\boldsymbol{y}} \in \mathbf{R}^M$ 到缺陷形状 $\boldsymbol{x} \in \mathbf{R}^D$ 之间的变换关系。基于流形分布原理 [7] 以及深度学习的几何表述理论 [8]，本章针对数据驱动导波缺陷重构问题提出了两点假设：①超声导波散射场信号 $\widetilde{\boldsymbol{y}}$ 以及缺陷形状函数 $\boldsymbol{x}$ 分别符合于低维流形 $\mathcal{P}^\mathcal{M}$ 和 $\mathcal{P}^\mathcal{D}$，$\mathcal{P}^\mathcal{M}$ 内嵌于输入空间 $\mathcal{M} \in \mathbf{R}^M$，$\mathcal{P}^\mathcal{D}$ 内嵌于输出空间 $\mathcal{D} \in \mathbf{R}^D$；②神经网络算子 $\mathcal{H}^{\text{net}}$ 可以实现从 $\mathcal{P}^\mathcal{D}$ 到 $\widetilde{\mathcal{P}}^\mathcal{D}$ 的光滑同胚变换，其中 $\widetilde{\mathcal{P}}^\mathcal{D}$ 为缺陷流形 $\mathcal{P}^\mathcal{D}$ 的近似。

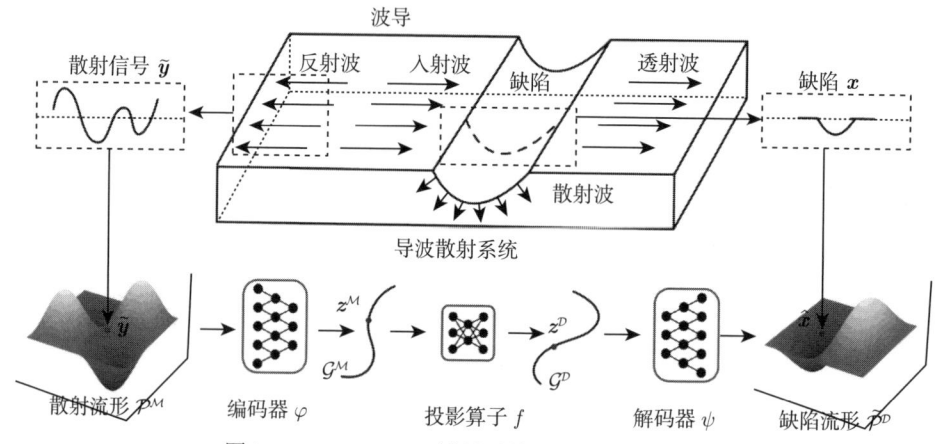

图 7.1 Deep-guide 波导结构缺陷重构整体框架

深度神经网络包含编码器 φ、投影算子 f 以及解码器 ψ，可实现从含噪声的散射场信号 $\widetilde{\boldsymbol{y}}$ 到缺陷形状 $\widehat{\boldsymbol{x}}$ 的直接变换；在智能学习的过程中，Deep-guide 框架通过实现重构函数 $\widehat{\boldsymbol{x}} = \psi \cdot f \cdot \varphi(\widetilde{\boldsymbol{y}})$，隐式地将散射数据 $\widetilde{\boldsymbol{y}}$ 的散射流形 $\mathcal{P}^\mathcal{M}$ 与近似的缺陷流形 $\widetilde{\mathcal{P}}^\mathcal{D}$ 连接起来

Deep-guide 中的神经网络算子 $\mathcal{H}^{\text{net}}$ 由三个部分组成：编码器 φ、投影算子 f 以及解码器 ψ。从流形变换的角度将式 (7.3) 所表征的映射函数 $\boldsymbol{x} = \mathcal{H}^{\text{net}}(\widetilde{\boldsymbol{y}}; \widehat{\boldsymbol{\theta}})$ 分解后由图 7.2 所示。首先，编码器算子 φ 取一个样本 $\widetilde{\boldsymbol{y}} \in \mathcal{M}$，并将其映射为 $\mathcal{F}^\mathcal{M}$ 空间中的向量 $\boldsymbol{z}^\mathcal{M}$，即 $\boldsymbol{z}^\mathcal{M} = \varphi(\widetilde{\boldsymbol{y}})$，其中 $\boldsymbol{z}^\mathcal{M}$ 即散射信号 $\widetilde{\boldsymbol{y}}$ 的内部表示。编码器运算的数学表述如下：

$$\{(\mathcal{M}, \widetilde{\boldsymbol{y}}), \mathcal{P}^\mathcal{M}\} \xrightarrow{\varphi} \{(\mathcal{F}^\mathcal{M}, \boldsymbol{z}^\mathcal{M}), \mathcal{G}^\mathcal{M}\} \tag{7.5}$$

需要注意的是，编码器 $\varphi: \mathcal{M} \rightarrow \mathcal{F}^\mathcal{M}$ 将散射流形 $\mathcal{P}^\mathcal{M}$ 同胚映射到其内部表示 $\mathcal{G}^\mathcal{M} = \varphi(\mathcal{P}^\mathcal{M})$，这使得模型能够在相对低维空间中提取散射数据特征，并捕捉数

7.2 数据驱动端至端波导缺陷重构方法框架

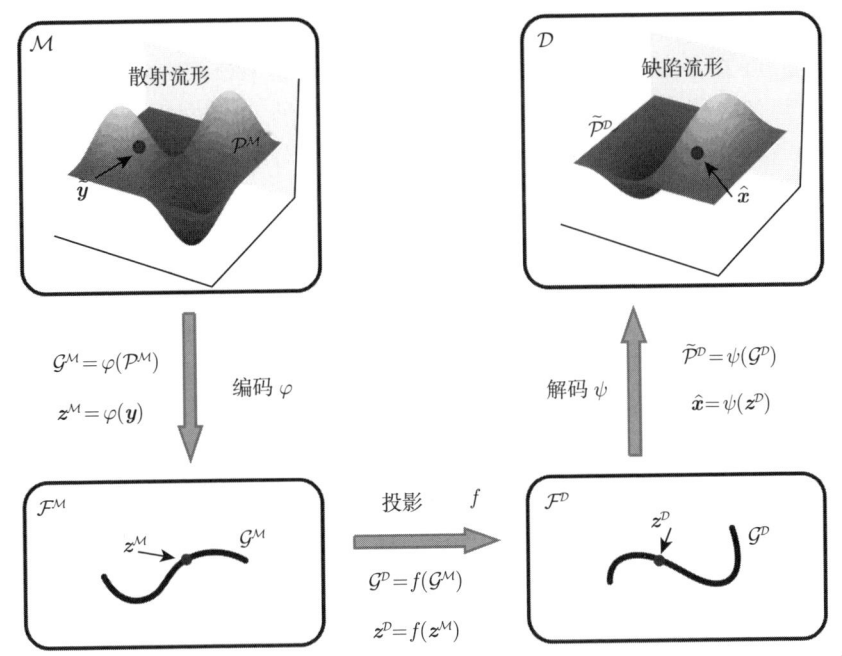

图 7.2 数据驱动导波缺陷重构过程可以分解为编码运算 φ、投影算子 f 以及解码运算 ψ

据的分布变化。

完成编码器部分的运算后，紧接着投影算子 $f: \mathcal{F}^{\mathcal{M}} \to \mathcal{F}^{\mathcal{D}}$ 将向量 $z^{\mathcal{M}}$ 映射为 $z^{\mathcal{D}}$，并将降维后的散射流形 $\mathcal{G}^{\mathcal{M}}$ 映射为流形 $\mathcal{G}^{\mathcal{D}}$，$\mathcal{G}^{\mathcal{D}}$ 为缺陷流形 $\mathcal{P}^{\mathcal{D}}$ 的内部表示。投影算子 f 实现了流形间的投影，可表示为

$$\{(\mathcal{F}^{\mathcal{M}}, z^{\mathcal{M}}), \mathcal{G}^{\mathcal{M}}\} \xrightarrow{f} \{(\mathcal{F}^{\mathcal{D}}, z^{\mathcal{D}}), \mathcal{G}^{\mathcal{D}}\} \tag{7.6}$$

在投影算子之后是进行解码运算，解码器 $\psi: \mathcal{F}^{\mathcal{D}} \to \mathcal{D}$ 将向量 $z^{\mathcal{D}}$ 映射为重构缺陷向量 $\hat{x}$，并构建了流形 $\mathcal{G}^{\mathcal{D}}$ 的局部参数化表示 $\widetilde{\mathcal{P}}^{\mathcal{D}}$，$\widetilde{\mathcal{P}}^{\mathcal{D}}$ 为缺陷流形 $\mathcal{P}^{\mathcal{D}}$ 的近似，同理 $\hat{x}$ 为真实缺陷向量 x 的近似。解码器可由式 (7.7) 表示：

$$\{(\mathcal{F}^{\mathcal{D}}, z^{\mathcal{D}}), \mathcal{G}^{\mathcal{D}}\} \xrightarrow{\psi} \{(\mathcal{D}, \hat{x}), \widetilde{\mathcal{P}}^{\mathcal{D}}\} \tag{7.7}$$

总体来看，导波缺陷重构逆散射运算 $\hat{x} = \psi \cdot f \cdot \varphi(\widetilde{y})$ 的数据流形映射可以表示为

$$\{(\mathcal{M}, \widetilde{y}), \mathcal{P}^{\mathcal{M}}\} \xrightarrow{\varphi} \{(\mathcal{F}^{\mathcal{M}}, z^{\mathcal{M}}), \mathcal{G}^{\mathcal{M}}\} \xrightarrow{f} \{(\mathcal{F}^{\mathcal{D}}, z^{\mathcal{D}}), \mathcal{G}^{\mathcal{D}}\} \xrightarrow{\psi} \{(\mathcal{D}, \hat{x}), \widetilde{\mathcal{P}}^{\mathcal{D}}\} \tag{7.8}$$

在图 7.2 所示的计算过程中，缺陷重构模型的输入量为受噪声干扰的信号 $\widetilde{y}$，根据关于去噪自编码器的研究可知，神经网络自适应去噪的过程也可从流形学习

的角度进行解读。如图 7.3 所示，假设未受到噪声污染的导波散射场信号样本点 (蓝色交叉点) 在低维空间中符合流形分布 $\mathcal{P}^M$，而对于受噪声破坏的信号 (假设其噪声破坏的过程表示为 $q(\widetilde{y} \mid y)$)，会脱离流形 $\mathcal{P}^M$ 而分布在其周围区域 (红色交叉点)，分布的规律则由噪声的类型决定，例如，对于高斯噪声来说，样本点的空间分布会呈现出正态分布的规律。

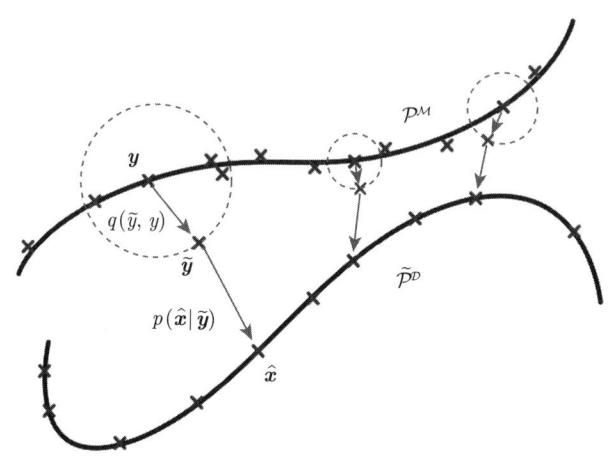

图 7.3　Deep-guide 自适应去噪声过程的流形解释 (彩图扫二维码)

与信号受噪声破坏的过程相反，Deep-guide 模型样本训练过程的本质则是学习一个统计映射算子 $p(\widehat{x} \mid \widetilde{y})$，这个算子的功能是将脱离流形 $\mathcal{P}^M$ 分布的噪声样本点拉回并聚集到一个新的流形分布 $\widetilde{\mathcal{P}}^D$(缺陷流形 $\mathcal{P}^D$ 的近似)，从概率的角度理解即寻找到一个最大概率的流形分布，经过神经网络模型处理后的样本点都聚集在这个流形附近，以此实现了在自适应去噪声的同时重构出目标流形。

想要有效实现以上的自适应去噪过程，神经网络训练样本的输入量应该包含噪声信息，也就是模型的输入样本应包含噪声，而输出则为无噪声的重构目标。对于本书的波导结构缺陷重构研究，神经网络的输入最好为实际中被环境噪声、测量噪声、人工误差等因素破坏后的散射波信号，以此训练出的神经网络才能有效应用于实际检测。除此之外，在使用仿真数据对模型进行预训练时，也可向仿真散射信号中添加额外的噪声干扰以模拟实际的含噪声信号，由此进一步提高模型的去噪性能。

在图 7.4(a) 中，给出了 400 个导波散射场信号样本 (400 个不同尺寸参量的弧线形缺陷经过导波散射后的信号) 在经过降维可视化后的流形分布特征，这 400 个样本中包含 200 个被高斯噪声破坏的样本信号 (高斯白噪声的强度为 15dB)，每个样本是一个维度为 300×1 的向量，对应 Deep-guide 中的输入空间 $\mathcal{M} \in \mathbf{R}^{300}$。本节使用 t-SNE 流形学习算法将这些高维的样本降到三维空间，降维后每个样本都对应三维空间中的一个位置点，进而可以观察到各个样本点之间的分布关系。t-SNE 算法在处理高维数据的可视化时具有非常优异的能力，特别是在保持局部结构的同时能够有效地揭示数据中的簇结构，相比于 Isomap、LLE 等算法在可视化导波散射场这类复杂数据集时更为有效。在图 7.4(a) 中，未受噪声破坏的"干净数据"用蓝色的点进行表征，受噪声破坏的数据用红色的点进行表征，可以看出，200 个干净的导波散射样本信号在三维空间中符合曲线形的流形分布，另外 200 个噪声信号在整体上也符合这一分布，但会脱离这个流形而杂乱地分布在其四周。将这 400 个散射信号样本都输入 Deep-guide 模型进行缺陷重构后，得到 400 个维度为 144×1 的缺陷形状向量，再次使用 t-SNE 算法将这些重构后的样本降维后，可视化的结果如图 7.4(b) 所示，可以看出经过神经网络重构后，杂乱分布的样本点被拉回到一个干净的缺陷流形曲线上，由此完成了缺陷重构以及自适应去噪。

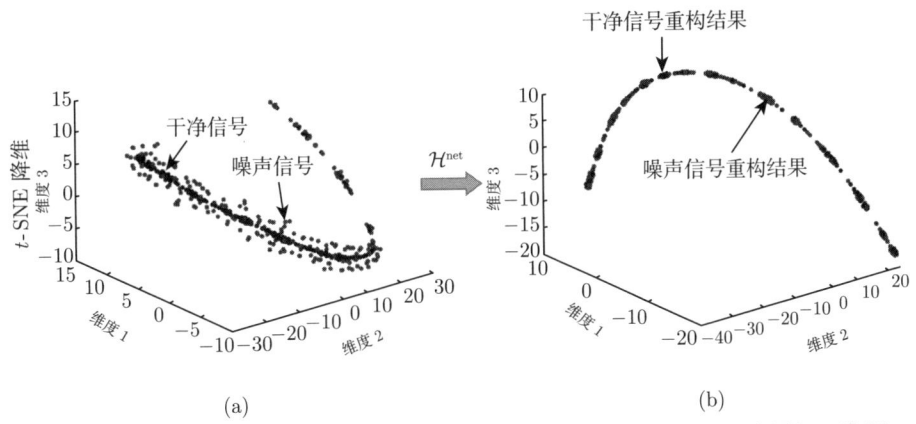

图 7.4 利用 t-SNE 算法可视化 Deep-guide 模型自适应去噪过程 (彩图扫二维码)
(a) 原始的含高斯噪声散射场样本信号的可视化结果；(b) 经过 Deep-guide 模型重构后结果向量的可视化结果

7.3 Deep-guide 缺陷重构神经网络模型

为了实现 7.2 节所述的流形学习缺陷重构，我们提出了 Deep-guide 神经网络架构，该架构可从含噪声的散射信号中提取关于缺陷形状的特征，并实现从缺陷几何形状的直接变换。该网络模型由三个组成部分：编码器 φ、投影算子 f 和解码器 ψ。Deep-guide 网络的输入数据 $\tilde{y}$ 是由频域中维度为 $m \times 1$ 的复数值导波反射系数向量重塑成的 $2m \times 1$ 的实数向量，空间域中的神经网络输出 $\hat{x}$ 的维度为 $l \times 1$(本章中 $l=144$)。如图 7.5 所示，编码器和解码器由一系列卷积块组成，对输入信号进行如下卷积运算：

$$\boldsymbol{y}_i = \sum_{k=0}^{K-1} w_k \boldsymbol{x}_{s \cdot i + k} \tag{7.9}$$

其中，$\boldsymbol{x} \in \mathbf{R}^L$ 为输入序列；$\boldsymbol{w} \in \mathbf{R}^K$ 为一维卷积核；s 为卷积步长；i 为输出序列的索引。在本节研究中，卷积核长度为 3，并同步进行批归一化运算，激活函数为 ReLU。编码器通过步长为 2 的池化层对数据进行一次压缩，输出尺寸为 $m \times 1$ 的 32 个信号特征，每个特征是对输入散射数据 $\widetilde{\boldsymbol{y}}$ 进行非线性变换得到的，包含关于缺陷几何形状的信息。投影算子由双层的全连接神经元组成，每层神经元的个数为 $l/2$，分别与编码器以及解码器相连接，投影算子实现的是从散射信号流形到缺陷流形之间的同胚运算 $\mathcal{G}^{\mathcal{M}} = \varphi(\mathcal{P}^{\mathcal{M}})$。解码器的卷积相关运算与编码器相同，不同点在于解码器中通过上采样运算提升数据的维度，且该提升后的维度与最终表征缺陷形状向量的维度相同。

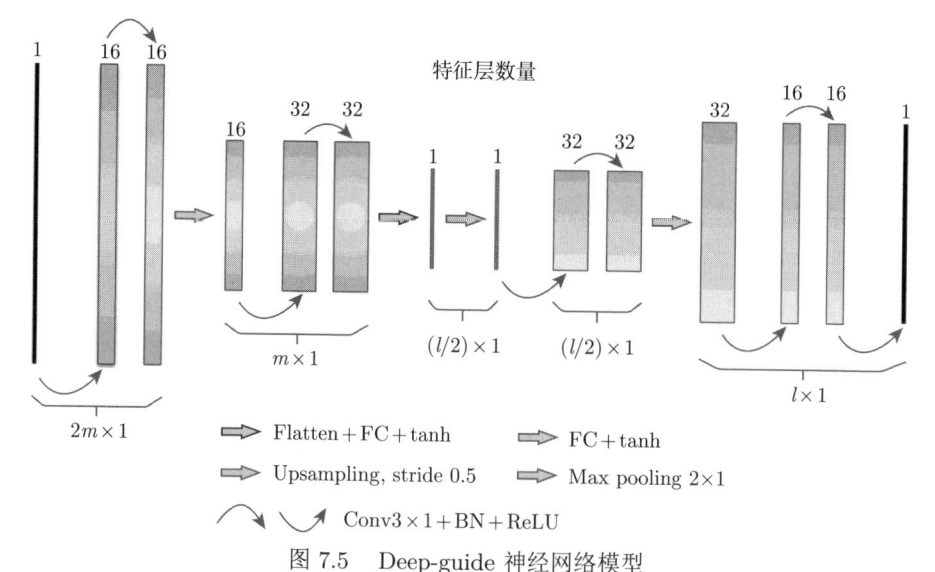

图 7.5 Deep-guide 神经网络模型

由卷积编码器 (包含一个用于维度削减的池化层)、双全连接层的投影算子以及卷积解码器 (包含一个用于维度增加的上采样层) 组成

7.4 数据驱动端至端缺陷重构方法验证

7.4.1 数据集准备

本章所提出的 Deep-guide 是一种通用的导波缺陷重构算法模型，适用于不同结构的波导，如平板、管道等，且适用于不同类型的导波，如 SH 波、Lamb 波等，同时也适用于解决不同维度的问题，如二维的缺陷截面重构、三维的缺陷实际形状重构等。与第 4 章相同，本章继续以平板表面缺陷为研究对象，构建仿真

7.4 数据驱动端至端缺陷重构方法验证

数据集进行模型重构性能的验证和测试,内容上则有所拓展:同时应用 SH 波和 Lamb 波进行重构,并研究了算法在水平方向的定位性能。本节首先介绍关于二维截面缺陷数据集的相关情况。

研究对象为钢板,材料参数如 4.4.1 节所述,板厚为 1mm。利用 MBEM 构建了包含 4096 个含噪声散射信号的样本数据集,这些散射信号对应的缺陷有三种类型——矩形缺陷、V 形缺陷以及曲线形缺陷,每种类型缺陷的尺寸随机变化,缺陷样本的形状以及尺寸如图 7.6 和表 7.1 所示。

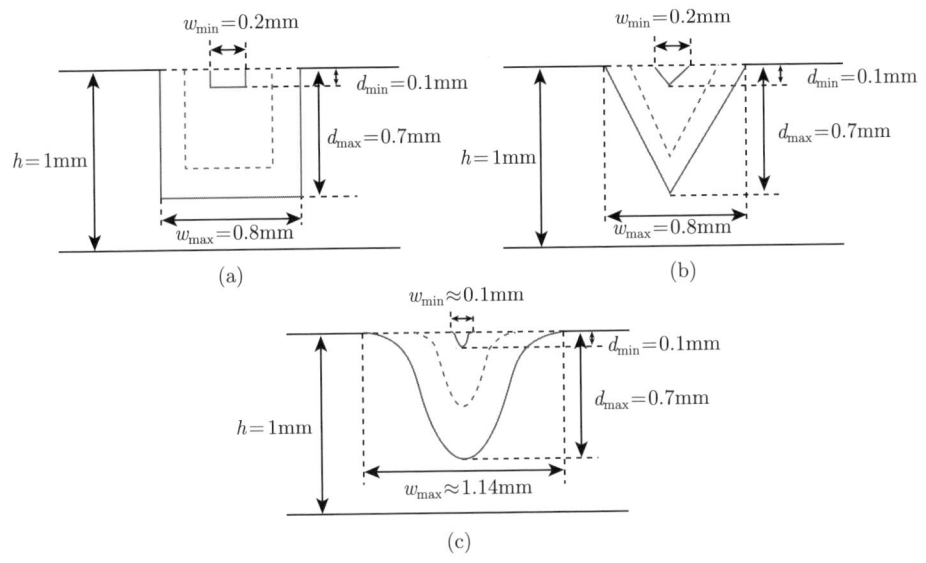

图 7.6 三种类型表面缺陷二维截面示意图

(a) 矩形缺陷; (b) V 形缺陷; (c) 曲线形缺陷

表 7.1 二维表面缺陷样本尺寸范围

类型	最大宽度 w_{max}/mm	最小宽度 w_{min}/mm	最大深度 d_{max}/mm	最小深度 d_{min}/mm
矩形缺陷	0.8	0.2	0.7	0.1
V 形缺陷	0.8	0.2	0.7	0.1
曲线形缺陷	1.14	0.1	0.7	0.1

利用 MBEM 计算了 4096 个缺陷在入射导波发生散射后所对应反射波场的振幅系数,也可称为反射系数,为了验证所提 Deep-guide 缺陷重构方法的鲁棒性,在反射系数中加入高斯白噪声用于模拟实际检测中的环境噪声,噪声的强度随机分布于 5~20dB。4096 个反射系数数据作为神经网络的输入,而对应的缺陷形状则作为网络的输出标签。

在 4096 个样本中,有 1024 个样本是在结构中入射 S0 模态的 Lamb 波所产生的散射场信号,对于每一组样本,入射波的频率变化范围是 0.1~4.0MHz,变化的步长是 0.1MHz,因此每组样本中包含 40 个频率点的反射系数,在利用 MBEM 计算反射系数时,对于每一个频率点计算了 Lamb 波前 7 个模态的振幅系数,最终每一个样本所对应的反射系数矩阵 $\boldsymbol{R}^{\mathrm{Lamb}}$ 可以表示为

$$\boldsymbol{R}^{\mathrm{Lamb}} = \begin{bmatrix} R_1^-(\omega_1) & \cdots & R_7^-(\omega_1) \\ \vdots & & \vdots \\ R_1^-(\omega_{40}) & \cdots & R_7^-(\omega_{40}) \end{bmatrix} \quad (7.10)$$

剩余的 3072 个样本是在结构中入射第 0 阶模态 SH 波所产生的散射场信号,对于每一组样本,入射波的频率变化范围是 0.1~15.0MHz,步长是 0.1MHz,共包含 150 个频率点,对 SH 波记录了其前 10 个模态的振幅系数,因此最终每一个样本所对应的反射系数矩阵 $\boldsymbol{R}^{\mathrm{SH}}$ 可以表示为

$$\boldsymbol{R}^{\mathrm{SH}} = \begin{bmatrix} R_1^-(\omega_1) & \cdots & R_{10}^-(\omega_1) \\ \vdots & & \vdots \\ R_1^-(\omega_{150}) & \cdots & R_{10}^-(\omega_{150}) \end{bmatrix} \quad (7.11)$$

注意,虽然在数据准备阶段构建了式 (7.10) 和式 (7.11) 所示的多频多模态反射系数,但在利用 Deep-guide 进行缺陷重构时,只需要其中部分的频率和模态数据即可实现高精度的重构。构建大量频率和模态数据的目的是在后续章节探索频率点数量或者模态对重构精度的影响,进而为 Deep-guide 方法的实际应用提供关于频率和模态选择的参考。

7.4.2 SH 波和 Lamb 波缺陷重构性能评估

在完成样本数据集的构建后,在本节的研究中,利用前三阶的 SH 波和 Lamb 波模态数据对神经网络模型进行了训练测试,目的是验证 Deep-guide 通用于不同类型导波和模态的缺陷重构。最终训练获得两个分别针对 SH 波和 Lamb 波缺陷重构的网络模型,两者的结构超参数完全相同。最后利用训练后的模型对测试集中未知形状和尺寸的缺陷进行重构测试,测试样本的总数为 450 个。为了验证 Deep-guide 方法的重构精度,将其结果与标准重构方法——基于 Born 近似的波数空间域变换 (WNST) 法缺陷重构结果进行了对比,WNST 缺陷重构所使用的是 SH0 模态和 S0 模态的反射系数。图 7.7 给出了模型对于矩形、V 形以及弧线形三类缺陷的重构结果,从图中可以看出,该方法可以以较高的精度重构出不同类型的缺陷,同时,在利用 Deep-guide 进行缺陷重构时,训练好的神经网络进行的是单步的前馈计算,计算时间小于 0.1s,因此证明了基于数据驱动端至端的 Deep-guide 模型是一种高效、高精度的缺陷重构方法。

7.4 数据驱动端至端缺陷重构方法验证

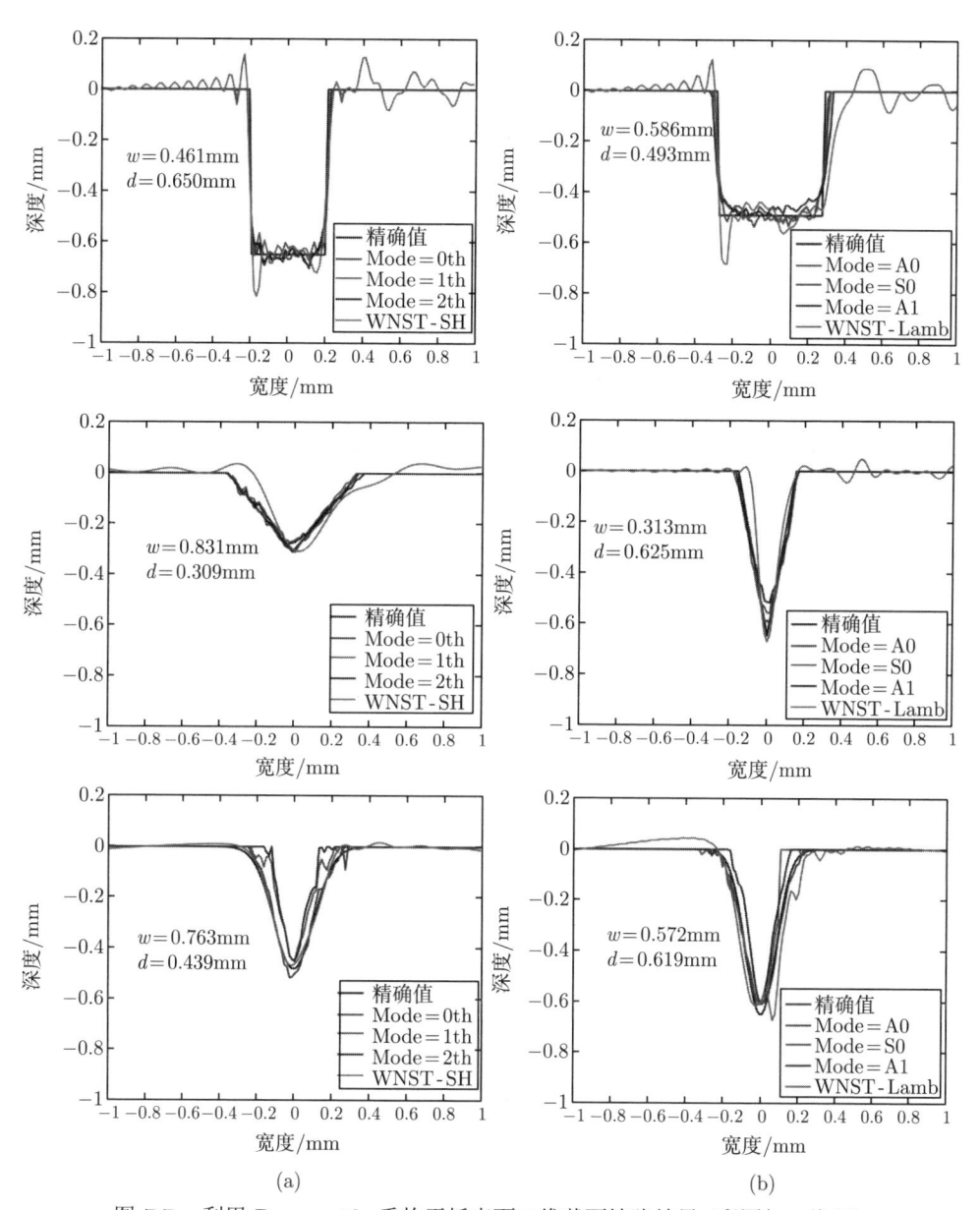

图 7.7 利用 Deep-guide 重构平板表面二维截面缺陷结果 (彩图扫二维码)

板厚 $h=1$mm, w 和 d 分别为缺陷的宽度和深度；模型由 1024 个样本训练得到，每个样本为包含 40 个频率点的反射系数；(a) SH 波模态重构结果；(b) Lamb 波模态重构结果

下一步的工作是对重构结果进行定量化评估，本章使用 RMSE 和 PSNR 对模型的重构结果精度进行表征，分别由式 (5.30) 和式 (5.31) 定义。关于重构结果的 RMSE 和 PSNR 如表 7.2 和表 7.3 所示。由表 7.2 可以看出，在使用 SH 波的

0 阶模态进行缺陷重构时，测试样本的平均 RMSE 为 0.0257，与使用其余两种模态以及 WNST 的结果相比为最低值。在利用 Deep-guide 进行缺陷重构时，输入 SH0 模态的重构结果质量比 SH1 模态 (0.0275) 提高了 7%，比 SH2 模态 (0.0299) 提高了 16.34%，比 WNST 的结果 (0.0435) 提高了 69.7%。从均值 PSNR 的计算结果也可得出该结论：最优的重构结果为 SH0 模态的 25.3999dB，SH1 模态为 24.6997dB，SH2 为 23.6665dB，WNST 仅为 21.2297dB。进一步观察可知，对于矩形缺陷和 V 形缺陷，使用 SH0 模态的 Deep-guide 方法重构精度更高，而对于弧形缺陷，其重构结果精度不如 WNST 方法，原因在于傅里叶逆变换法更适用于表征平滑的圆弧形缺陷。对于三种类型缺陷，Deep-guide 方法在重构 V 形缺陷的精度最高，其测试集的平均 RMSE 为 0.0133，而对于三种缺陷全部测试集的重构精度为 RMSE 值等于 0.0277，PSNR 为 24.5887dB。

表 7.2 利用 SH 波重构缺陷后的 RMSE 和 PSNR 定量化评估结果

类型	参数	SH0 模态	SH1 模态	SH2 模态	平均值	WNST
矩形缺陷	RMSE	0.0255	0.0257	0.036	0.029	0.0566
	PSNR/dB	23.3692	22.9625	20.3295	22.2204	19.1993
V 形缺陷	RMSE	0.0133	0.0136	0.0158	0.0142	0.0532
	PSNR/dB	29.677	29.2967	28.0829	29.0189	19.7635
弧形缺陷	RMSE	0.0384	0.0432	0.0379	0.0398	0.0207
	PSNR/dB	23.1535	21.8398	22.5871	22.5268	24.7263
平均精度	RMSE	0.0257	0.0275	0.0299	0.0277	0.0435
	PSNR/dB	25.3999	24.6997	23.6665	24.5887	21.2297

表 7.3 利用 Lamb 波重构缺陷后的 RMSE 和 PSNR 定量化评估结果

类型	参数	A0 模态	S0 模态	A1 模态	平均值	WNST
矩形缺陷	RMSE	0.0345	0.0366	0.0522	0.0411	0.0586
	PSNR/dB	23.0504	22.5365	19.4565	21.6811	18.8543
V 形缺陷	RMSE	0.0176	0.0254	0.0379	0.027	0.0492
	PSNR/dB	27.0774	25.0693	22.7761	24.9743	21.6754
弧形缺陷	RMSE	0.0266	0.0379	0.0424	0.0356	0.0245
	PSNR/dB	25.0783	24.2307	23.6713	24.3268	24.8053
平均精度	RMSE	0.0262	0.0333	0.0442	0.0346	0.0444
	PSNR/dB	25.0687	23.9455	21.968	23.6607	21.7783

相同结构的神经网络也被应用于 Lamb 波缺陷重构。在表 7.3 中给出了训练后的模型重构三种类型缺陷的定量化评估结果，可以看出，利用 A0 模态进行缺陷重构的精度最高，其 RMSE 为 0.0262，相比于 S0 模态的重构精度 (0.0333) 高出 27.1%，相比于 A1 模态的重构精度 (0.0442) 高出 68.7%，相比于 WNST 的重构精度 (0.0444) 高出 69.5%。PSNR 的评估结果也同样说明了使用 A0 模态的

重构效果最好。与 SH 模态重构类似，模型对于 V 形缺陷的重构效果最好，其测试样本的平均 RMSE 为 0.027，精度比弧形缺陷 (0.0356) 高 31.85%，比矩形缺陷 (0.0411) 高 52.22%。对于整体的测试样本，Lamb 波缺陷重构的平均 RMSE 为 0.0346，比 SH 的平均值大了 24.91%，PSNR 值为 23.6607dB，比 SH 波的 24.5887dB 小，说明整体而言 SH 波的重构效果优于 Lamb 波。

总体来看，对所提出的 Deep-guide 框架缺陷重构精度的定量评估结果表明：①基于整体测试样本的结果，Deep-guide 方法的重构精度高于 WNST，此外，Deep-guide 计算结果在无缺陷区域不含噪声波形，这有利于缺陷定位；②使用 SH 波或 Lamb 波进行缺陷重构时，低阶模态的重构效果更好；③模型对于不同类型缺陷的重构精度不同，使用 SH 波和 Lamb 波进行重构时，对于 V 形缺陷的重构效果最好；④对比表 7.2 和表 7.3 中所示的 Deep-guide 对所有算例重构的平均值可以看出，SH 波缺陷重构精度 (24.5887 dB) 比 Lamb 波重构精度 (23.6607 dB) 高 0.928 dB。

7.4.3 缺陷定位性能评估

由于反射系数 (Deep-guide 模型的输入量) 为复数，其相位包含了 Deep-guide 模型所能提取的缺陷位置信息，进而用于实现缺陷在水平方向的定位。图 7.8 展示了水平方向处于任意位置的双矩形缺陷，并给出了两种具有代表性的表面缺陷重构方法即 QDFT 和 WNST-SH，对于这种缺陷的重构效果，同时给出了利用 Deep-guide 进行双矩形缺陷定位的结果，结果证明了 Deep-guide 方法的有效性和精确性。需要注意的是，由于波场的周期性，缺陷定位只能在缺陷区域附近进行，因此，在实际缺陷检测中，需要兼顾波信号的接收时间以实现全局定位：首先根据反射波的到达时间以及波速预估出缺陷区域，然后利用相位信息实现精确

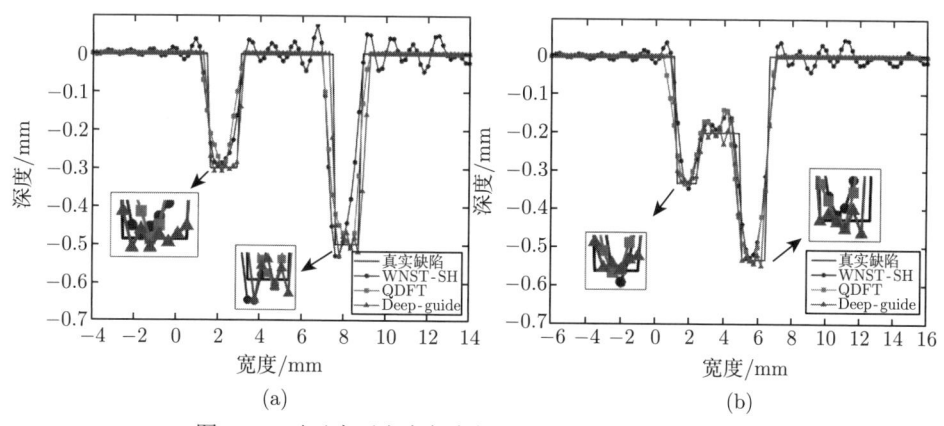

图 7.8 对于水平方向任意位置的双矩形缺陷定位结果
(a) 双缺陷分离情况的重构；(b) 双缺陷重叠情况的重构

的缺陷定位。

7.5 数据驱动缺陷重构性能影响因素分析

在利用数据驱动方法进行波导结构缺陷重构时，为了实现高精度的缺陷几何形状表征，除了算法本身的构架需合理外，充足且有效地训练样本数据也是关键。对于当前问题，样本的有效性主要由样本中含缺陷形状信息量的多少，即反射系数中频率点的个数决定，而样本量则为训练模型所用的样本总数。理论上来说，频率点数越多、样本数据量越大，则训练出的模型效果越好，然而在实际应用中，频带增加意味着更高的检测硬件成本，样本量增加则意味着更高的仿真以及实验打样成本，因此有必要对频率点数及样本量的大小对缺陷重构精度的影响进行研究，使得在实际应用 Deep-guide 进行检测时能在较低成本的情况下实现较高精度的重构。

7.5.1 频带宽度对重构精度的影响

如 7.4 节所述，用于重构缺陷的反射系数矩阵 $\boldsymbol{R}^{\mathrm{ref}}$ 中每一项都代表不同频率不同模态反射波所对应的复振幅。在利用超声导波进行缺陷检测时，使用更窄的频带宽度意味着更低的计算和实验成本。然而，使用传统的知识驱动方法 (如基于 Born 近似的傅里叶变换重构法) 进行定量缺陷重建至少需要 150 个频率点才能实现较高精度的重构，这会使实际检测很难实现较高精度的重构，因此，有必要探索频带宽度即检测的频率点数对缺陷重构精度的影响，验证本章提出的 Deep-guide 方法是否能实现窄带高精度重构。本节的研究分为两部分，分别考虑利用 Deep-guide 进行一般情况重构 (模型需兼顾三种不同类型缺陷的重构) 以及特定情况重构 (模型只针对某类缺陷进行重构) 的性能。

1. 一般情况缺陷重构研究

首先，使用具有不同频率点数的反射系数 $\boldsymbol{R}^{\mathrm{ref}}$ 训练 Deep-guide 模型。对于一般情况，使用包含三种类型缺陷 (矩形缺陷、V 形缺陷和高斯曲线形缺陷) 的共 450 个样本数据集来评估 Deep-guide 模型在重构未知形状缺陷的性能和准确度。如图 7.9 所示的箱式图给出了测试结果，可以看出，对于使用更多频率点所训练出的模型，其测试结果的 RMSE 分布结果相对较低且更加紧凑，而使用较少频率点的模型重构结果的 RMSE 值更大且更加分散，以此表明频率点数越多模型的重构效果越好。此外，RMSE 的中位值 (0.018) 和 PSNR 的中位值 (24.285dB) 也表明，与其他模型相比，使用 100 个频率样本作为输入的 Deep-guide 模型具有最佳的预测精度，例如，使用 40 个频率样本的模型进行缺陷重构的 RMSE 为 0.026(高 44.44%)，PSNR 为 22.426 dB(低 1.859 dB)。需要注意的是，仅使用

7.5 数据驱动缺陷重构性能影响因素分析

一个频率样本训练的模型仍然能够预测缺陷形状，但由于其结果的 RMSE 最高 (0.0732) 且 PSNR 最低 (14.0618 dB)，表明重构的精度较低。此外，图 7.9 表明，当频率点数大于 20 时，随着频率点数的增加，模型的缺陷重构性能相对优越且稳定，而当频率点数小于 20 时，重构精度急剧下降。因此，从本节的结果可以给出重构的参考频率样本数 $F^{\text{ref}} = 20$。此外，为了从数据流形的角度证明频率点数对缺陷重构精度的影响，本节中利用 t-SNE 可视化了具有 40 个频率点以及 5 个频率点的散射波场数据集的流形结构。如图 7.9(c) 和 (d) 所示，与包含 5 个频率点的数据集结果相比，包含 40 个频率点数据集的流形结构表现出高度可分离性，因而使用 40 个频率点数据集训练的模型缺陷重构表现更好。此外值得注意的是，相比于另外两类缺陷，图 7.9(c) 中用于表示 V 形缺陷流形结构的绿色点云显示出更高的可分离性，这解释了 7.4 节中 V 形缺陷重构精度最高的原因。

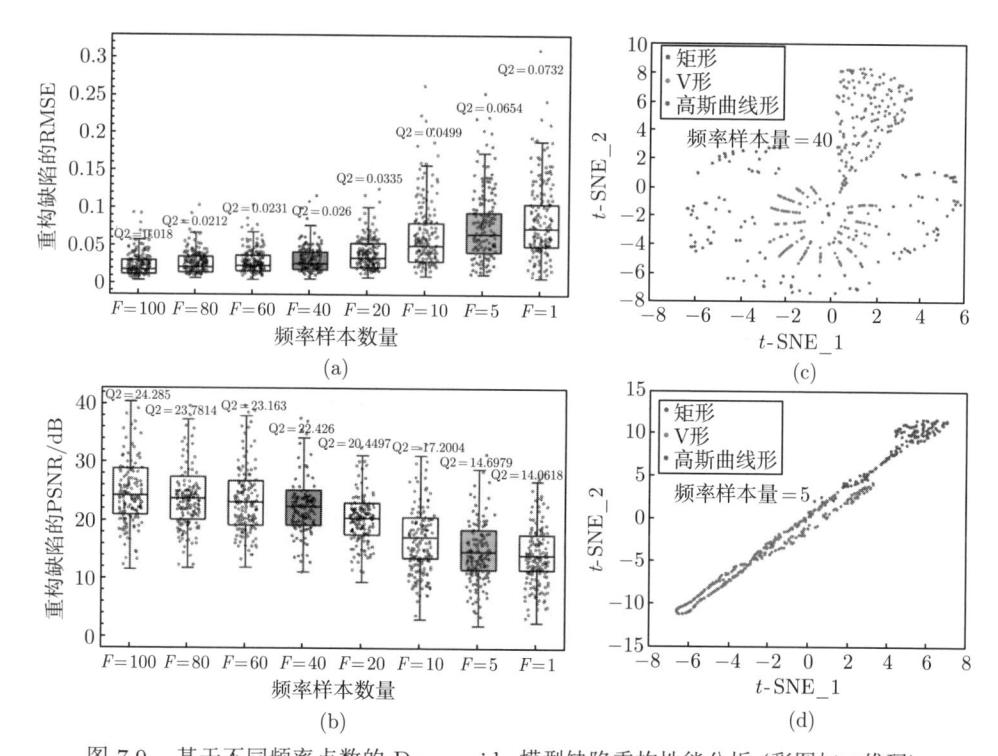

图 7.9　基于不同频率点数的 Deep-guide 模型缺陷重构性能分析 (彩图扫二维码)

(a) 在 450 个测试集上以 RMSE 为标准的缺陷重构定量化评估结果，x 轴表示用于训练 Deep-guide 模型的频率点数，y 轴表示重建缺陷与真实值之间的 RMSE 值，每个箱线图显示测试数据的四分位数范围 (Q1 和 Q3 之间的 IQR)，中心标记 (每个框中的水平线) 表示中位数，上边界为 Q3+1.5×IQR，下边界为 Q1−1.5×IQR，每个箱线图中，从 450 个测试结果中随机选择 150 个以点的形式显示；(b) 在 450 个测试集上以 PSNR 为标准的缺陷重构定量化评估结果；(c) t-SNE 可视化包含 40 个频率点数据集的流形结构；(d) t-SNE 可视化包含 5 个频率点数据集的流形结构

2. 特定情况缺陷重构研究

通常，在铁路运输、石油管道和航空航天等领域需要对一些特定缺陷或瑕疵进行高精度的检测，以便能够定量评估设备的状态和性能，并预测其剩余使用寿命。考虑该情况，本节研究利用 Deep-guide 模型重构特定类型缺陷，并测试在频率点数变化情况下的模型性能。与上述一般情况所采用的研究方法相同，本节使用 350 个未知尺寸的曲线形缺陷作为样本对模型进行性能测试。定量评估的评估结果，即整个测试集的 RMSE 和 PSNR 的箱式分布如图 7.10(a) 和 (b) 所示。从图中可以看出，随着样本频率点数的增加，测试结果的 RMSE 值更低且分布更紧凑，表明神经网络模型的重构精度更高且稳定性更好。定量化评估结果表明，使用 100 个频率点的样本数据所训练的模型具有最佳的重构性能，其结果的 RMSE 中位值最低 (0.0125)，PSNR 中位值最高 (28.68 dB)，而仅使用一个频率点样本所训练的模型性能较差，其测试结果的 RMSE 中位值最高 (0.0547)，PSNR 中位值最低 (16.3656 dB)。由图 7.10(c) 和 (d) 可以得出类似结论，与包含 5 个频率

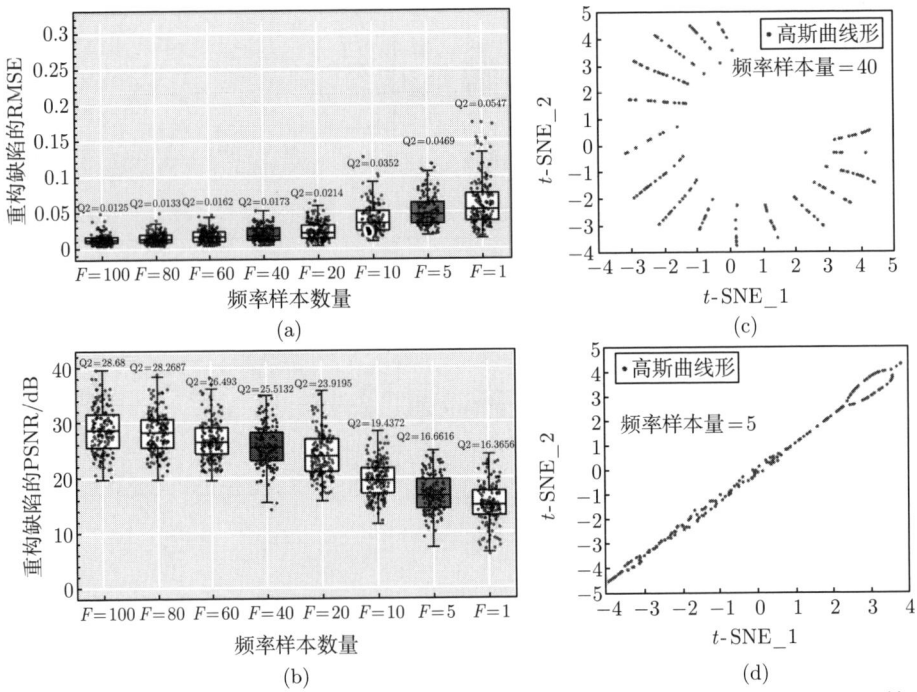

图 7.10 针对特定类型缺陷（曲线形缺陷），在使用不同频率点数情况下的 Deep-guide 缺陷重构定量化评估

(a) 不同频率点数样本训练的模型测试结果的 RMSE 箱式图分布；(b) 不同频率点数样本训练的模型测试结果的 PSNR 箱式图分布；(c) t-SNE 可视化包含 40 个频率点数据集的流形结构；(d) t-SNE 可视化包含 5 个频率点数据集的流形结构

7.5 数据驱动缺陷重构性能影响因素分析

点样本数据的流形结构相比，包含 40 个频率点样本数据的流形结构表现出高度可分离性，因而使用 40 个频率点进行缺陷重构的效果更好，其散射波场数据能够将不同的缺陷区分开来。

此外，从以上所研究的一般和特定情况下的流形分布可视化结果可以观察到，在特定情况下的数据流形结构更简单且高度可分离，因此所对应的重构模型能实现更高的计算精度。图 7.11 给出了一般情况下的模型性能和特定情况下的模型性能对比，可以看出，对于特定缺陷的重构，Deep-guide 模型能够在使用更少频率点的情况下实现更高精度的重构。例如，对于一般情况的重构模型，需要 40 个频率点才能达到 0.026 的 RMSE 值及 22.426 dB 的 PSNR 值重构精度，而相应的特定模型只需要大约 15 个频率点。总的来说，以上通过两种情况下的研究证明了本章所提出的 Deep-guide 缺陷重构模型的有效性以及稳定性，在一般包含多类缺陷的情况下，Deep-guide 的平均重构精度为 RMSE 值 0.0388 以及 PSNR 值 20.0082 dB，在针对单一类型缺陷重构的特定情况下，模型的精度分别提高到 RMSE 值 0.0272(降低 29.89%) 以及 PSNR 值 23.1672 dB(提高 3.159 dB)。

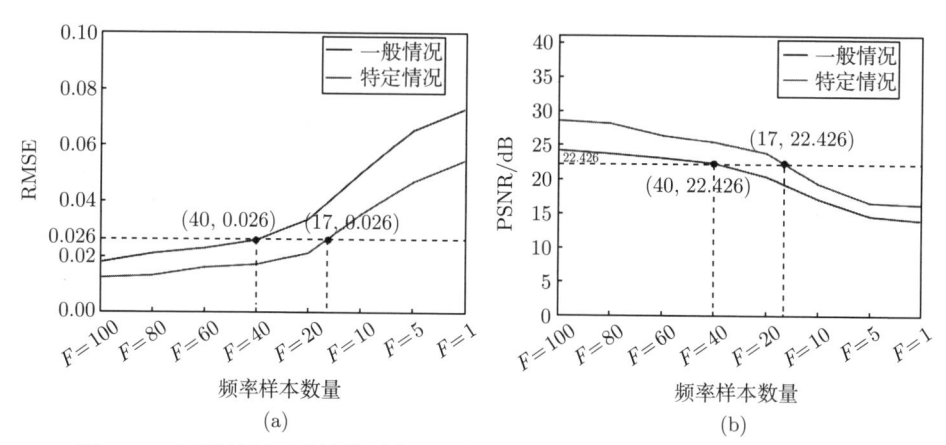

图 7.11 两种情况下训练模型在测试集上的 RMSE 和 PSNR (彩图扫二维码)

(a) 在两种情况下，比较了使用不同频率点数样本所训练模型在测试集上的 RMSE 中位值；(b) 在两种情况下，比较了使用不同频率点数样本所训练模型在测试集上的 PSNR 中位值

7.5.2 样本数量对重构精度的影响

深度学习方法在工程领域应用的主要瓶颈是可用数据集规模有限。在无损检测中，数据驱动结构缺陷检测模型的训练数据规模将直接影响检测和重构的准确度。考虑这种情况，有必要研究样本数据规模对 Deep-guide 模型重构精度的影响，尤其需要关注在小样本情况下的重构性能。

首先，利用不同规模的样本数据 (数据规模 $S = 600$、$S = 210$ 以及 $S = 30$)

训练 Deep-guide 模型，其中样本数据为包含 40 个频率点的第 0 阶模态 SH 波。模型构建完成后，对测试集中的 450 个未知缺陷进行重构测试。图 7.12 所示的箱式图给出了在一般情况以及特定情况下使用不同规模的样本数据训练模型后的缺陷重构效果。从图中可以看出，样本数据量越少，其对应模型重构结果的 RMSE 值越大且 PSNR 值越小，表明其缺陷重构的精度变差。例如，对于一般情况下的缺陷重构，使用 600 个采样数据训练的模型性能最佳，其测试结果的 RMSE 中位值最低 (0.0294)，相比于 210 个样本模型的 0.0442 低 33.48%，相比于 30 个样本模型的 0.0548 低 46.35%。从图 7.12(b) 中的 PSNR 值评估结果可以得出类似的结论，即使用 600 个样本数据训练的模型有最高的 PSNR 值 24.3416 dB，而使用 210 和 30 个样本数据所训练模型的 PSNR 值分别为 20.4234 dB (低 3.9182dB) 和 17.7327 dB (低 6.6089 dB)。此外从图 7.12 可以直观地看出，用于重构特定类型缺陷的 Deep-guide 模型表现出更好的性能，其测试结果的 RMSE 值更小且分布更加紧密，表明重构的精度更高且稳定性更好。由此可知，对于特定类型缺陷的重构，模型可以在少量样本数据的情况下实现较高精度的重构。

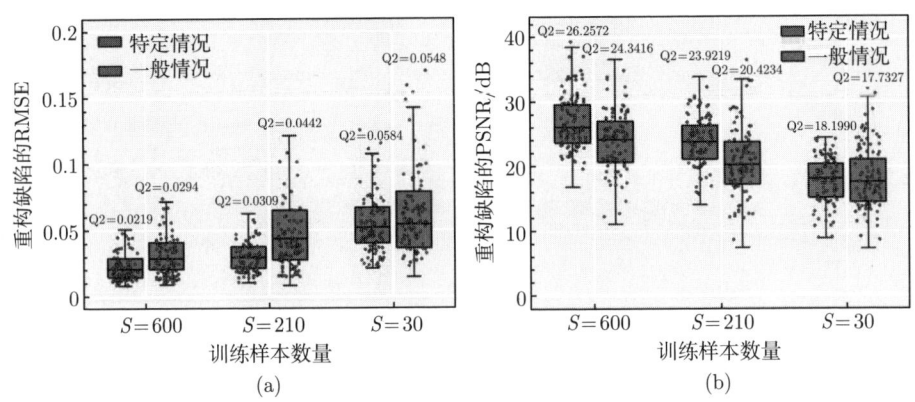

图 7.12 一般和特定两种情况下训练数据规模对模型重构性能的影响 (彩图扫二维码)

(a) RMSE 评估结果；(b) PSNR 评估结果

在接下来的研究中，同步评估了频点个数以及样本规模两项因素对模型重构精度的影响，评估结果以图 7.13 所示的热分布图形式展示，横纵坐标分别表示数据的频点个数以及数据量，图中小方块表示对应训练后的模型，颜色表征模型的性能，对于 RMSE 图，颜色越浅的方块表示其模型的精度越高，对于 PSNR 图，则为颜色越深的方块精度越高。此外，本节也考虑了在一般情况以及特定情况下的模型重构性能对比。从结果可以看出，训练数据的频点个数越多、数据的规模越大，其对应模型的重构性能越好。然而在实际中，可用的训练数据量通常很少，且检测时使用较少的频点可以有效降低检测成本。假定 RMSE 值小于等于 0.037

或 PSNR 值大于等于 20dB 的结果为有效重构精度，从图中可以看出，对于重构特定类型的缺陷，模型至少需要 150 个训练样本以及样本的频点数至少为 20；而对于一般情况下的缺陷重构，则至少需要 300 个训练样本以及 40 个频点数才能训练出满足精度需求的模型。因此，在利用 Deep-guide 解决实际问题时，可通过将复杂问题分解为特定问题的方式，训练具有针对性的模型，在这种情况下的样本量需求以及检测成本都会降低。而在预算充足的情况下，通过补充更多的样本数据以及更多的频点，可以为模型提供更多的缺陷细节信息，进而可以实现更高精度的重构。

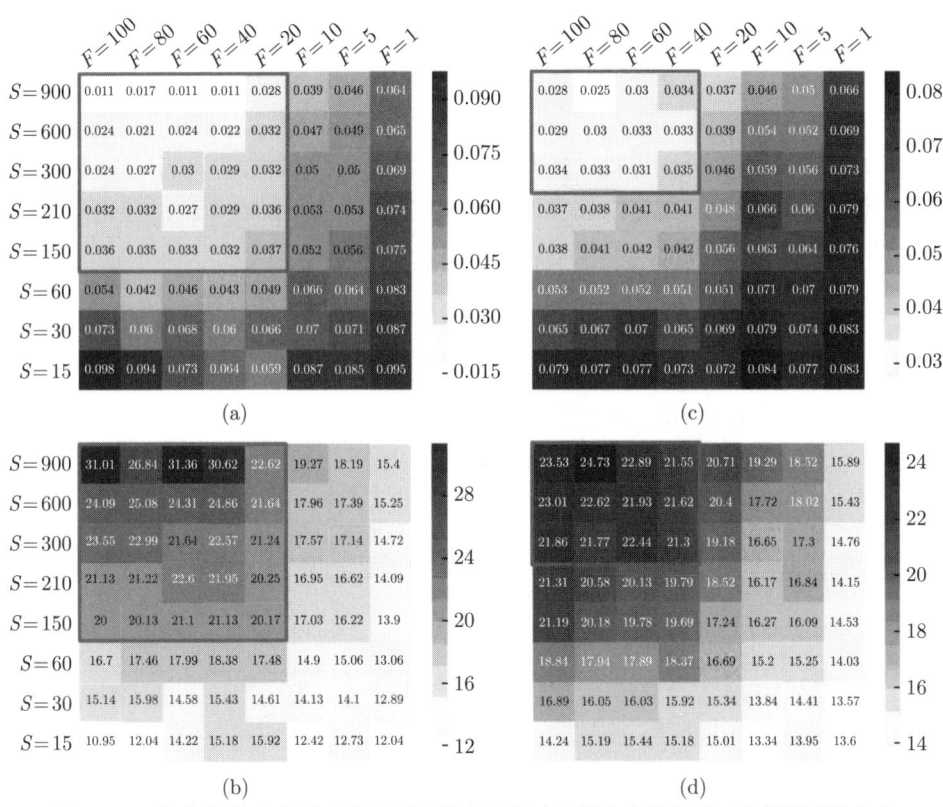

图 7.13　热分布图形式展示了在不同样本规模以及频率点数情况下的模型重构性能
(彩图扫二维码)

蓝色框内表示满足预设精度标准 (RMSE≤0.037 或 PSNR≥20dB) 的重构模型; (a) 特定情况下的 RMSE 评估结果; (b) 特定情况下的 PSNR 评估结果; (c) 一般情况下的 RMSE 评估结果; (d) 一般情况下的 PSNR 评估结果

7.6　本章小结

本章提出了一种新的数据驱动端至端结构缺陷定量化重构框架 Deep-guide，可以自动实现导波散射信号与结构缺陷形状之间的映射，具有较高的重构精度和效率。本章基于流形分布原理，设计并训练了由编码器-投影算子-解码器模块组成的 Deep-guide 神经网络架构，使用修正边界元法生成的样本数据进行训练。为了证明 Deep-guide 的正确性、通用性和重构效率，开展了数值验证，主要结论如下所述。

(1) 使用不同模式的 SH 波和 Lamb 波生成的散射场数据进行缺陷重构，其测试结果较好，表明 Deep-guide 具有高精度、高效率和通用性。

(2) 散射数据的流形结构影响重构性能，即对于更简单、高度可分离的数据流形结构，Deep-guide 具有更强大的学习能力，从而能实现更高的重构精度。

(3) 通过数据训练，成功学习到一个具有自适应去噪散射信号能力的统计映射，表明 Deep-guide 具有较好的稳定性，能够有效解决导波逆散射的不适定问题。

(4) 与传统的知识驱动重构方法相比，Deep-guide 能够以更少的频率样本有效地实现定量化缺陷形状重构，特别是对于工程中的特定缺陷类型，Deep-guide 模型能够在小样本训练数据的情况下以较高的精度解决问题，这为开发能有效应用于实际的数据驱动健康监测技术提供了有益见解。

参 考 文 献

[1] Zhu B, Liu J Z, Cauley S F, et al. Image reconstruction by domain-transform manifold learning[J]. Nature, 2018, 555(7697): 487-492.

[2] Häggström I, Ross Schmidtlein C, Campanella G, et al. DeepPET: A deep encoder-decoder network for directly solving the PET image reconstruction inverse problem[J]. Medical Image Analysis, 2019, 54: 253-262.

[3] Ji F Z, Wang C L, Zuo X Z, et al. LS-SVMs-based reconstruction of 3-D defect profile from magnetic flux leakage signals[J]. Insight-Non-Destructive Testing and Condition Monitoring, 2007, 49(9): 516-520.

[4] Tran-Ngoc H, Khatir S, Le-Xuan T, et al. A novel machine-learning based on the global search techniques using vectorized data for damage detection in structures[J]. International Journal of Engineering Science, 2020, 157: 103376.

[5] Wang B, Qian Z, Hirose S. Inverse problem for shape reconstruction of plate-thinning by guided SH-waves[J]. Materials Transactions, 2012, 53(10): 1782-1789.

[6] Da Y H, Wang B, Liu D, et al. A novel approach to surface defect detection[J]. International Journal of Engineering Science, 2018, 133: 181-195.

[7] Izenman A J. Introduction to manifold learning[J]. Wiley Interdisciplinary Reviews: Computational Statistics, 2012, 4(5): 439-446.

[8] Lei N, An D S, Guo Y, et al. A geometric understanding of deep learning[J]. Engineering, 2020, 6(3): 361-374.

第 8 章 基于流形学习框架的导波缺陷重构应用拓展及实验

8.1 引　　言

在第 6 章和第 7 章的导波缺陷重构研究中，对于某一项重构任务，模型的输入量为单一模态的导波散射信号，然而，多模态是导波的重要属性，当导波与结构中的缺陷发生相互作用时，会产生多个模态的散射波信号，这些模态中都会包含缺陷形状相关的信息，如果能够融合多频率多模态的导波信号进行缺陷重构，理论上来说可以实现更高精度的重构[1]。考虑于此，本章研究了基于多频多模态导波散射信号的数据驱动结构缺陷重构方法。首先对多频多模态导波信号的流形分布特征进行分析，研究在单一模态或融合多模态情况下散射信号流形的聚类和分离度；然后构建多频多模态仿真数据库，以第 7 章中的 Deep-guide 流形学习框架为基础，训练神经网络模型实现从多频多模态散射场信号到结构缺陷形状之间的变换，对矩形、V 形以及高斯弧线形三种缺陷进行重构测试，证明方法的有效性。

在第 7 章中提到，Deep-guide 是一种通用的波导结构缺陷重构框架，适用于不同类型导波、不同结构波导以及不同类型缺陷的重构，在之前章节的研究中，重构对象都为二维的平板表面减薄缺陷截面，在本章中将拓展研究对三维平板表面减薄缺陷的重构以及对三维平板内部任意形状缺陷的重构。对于三维平板表面缺陷重构，是将 Deep-guide 模型的解码器部分替换为二维卷积神经网络，其输出为图像，图像的像素值表征该位置缺陷的深度[2]。在本章研究中利用 COMSOL 有限元构建的三维表面缺陷样本数据集，训练网络后，对立方体形缺陷、圆台形缺陷以及组合形缺陷进行了重构，验证了方法的有效性。对于三维平板内部任意形状缺陷的重构，是将 Deep-guide 模型的解码器部分替换为三维卷积神经网络，其输出为三维的缺陷概率点云，点云中每一个值表征该位置存在缺陷的概率，如果概率大于 0.5 则判定为存在缺陷，因此设置阈值后，可从点云中分离出缺陷区域，然后经网格化处理可得到三维的缺陷形状。本节同样利用有限元构建数据集训练模型，对简单球形缺陷以及较为复杂的复合型缺陷进行了重构测试，验证了方法的有效性。

本章最后一项研究是开展数据驱动导波检测的实验验证。首先搭建了基于电磁超声换能器阵列的检测系统，该系统共 32 个传感器，呈圆形布置于含表面缺陷的铝板，入射波为 A0 模态 Lamb 波，频率为 250MHz，反射波经小波变换、快速傅里叶变换等处理后获得 A0 模态的复数域振幅系数 [3]。传感阵列中 8 个用于激发信号，23 个用于接收信号，最终输入神经网络的数据维度为 8×23 的复数值向量。在实验验证中，神经网络的解码器部分为二维卷积神经网络，用于输出图像，网络由仿真数据训练后输入实验数据进行重构，结果证明了方法的有效性，为数据驱动导波缺陷重构的实际应用探明了方向。

8.2 数据驱动多频多模态导波缺陷重构

8.2.1 多频多模态导波数据的流形分析

图 8.1(a) 展示了一个沿着均匀、各向同性、弹性板传播的 SH 波，板的厚度为 $2h$，其中波沿 x_1 方向传播，板中的质点沿 x_3 方向振动。粒子的位移场 $\boldsymbol{u}$ 必须满足式 (8.1) 中定义的 Navier 位移运动方程：

$$\mu \nabla^2 \boldsymbol{u} + (\lambda + \mu) \nabla \cdot \boldsymbol{u} - \rho \frac{\partial^2 \boldsymbol{u}}{\partial t^2} = 0 \tag{8.1}$$

及其应力自由边界条件：

$$\tau_{23}(x_1, x_2, t)|_{x_2 = \pm h} = \mu \frac{\partial u}{\partial x_2}|_{x_2 = \pm h} = 0 \tag{8.2}$$

其中，ρ 是质量密度；λ 和 μ 是拉梅常数。由于粒子位移场 $\boldsymbol{u}$ 仅有分量 u_3 非零，时谐 SH 波可以表示为

$$u_3(x_1, x_2, t) = f(x_2) \mathrm{e}^{\mathrm{i}(kx_1 - \omega t)} \tag{8.3}$$

其中，k 是模态的波数；ω 表示固有角频率。将式 (8.2) 和式 (8.3) 代入式 (8.1)，可以推导出导波 SH 波的频散方程，表示为波速和频率的函数：

$$\frac{\omega^2}{c_T^2} - \frac{\omega^2}{c_p^2} = \left(\frac{n\pi}{2h}\right)^2, \quad n = 0, 1, 2, \cdots \tag{8.4}$$

其中，$c_T = \sqrt{\mu/\rho}$ 是 SH 波的速度；c_p 是相速度。图 8.1(b) 所示为前 8 阶 SH 波模态在 0~14 MHz·mm 频率范围内相速度与频率之间关系的频散曲线。

每个模态被激发时，会在波导结构内产生不同的粒子运动位移场和速度场，此外，对于每个模态，其位移和速度场也会随着结构缺陷深度的变化而变化，即使是同一模态，在不同频率下也会产生不同的场分布。由此可知，不同模态或频率的导波会与结构中的缺陷发生不同形式的相互作用，产生不同的散射波场，这些

8.2 数据驱动多频多模态导波缺陷重构

波场中包含关于缺陷形状的多方面信息,如果能构建算法融合多频多模态的信号,有效提取其中丰富的缺陷形状相关信息,则可以实现更高的重构精度。理论上,图 8.1(b) 中频散曲线上的每个点都可以用于缺陷检测和重构,然而在实际中需要兼顾检测成本等因素。例如,0~11.3 MHz 范围的单模态宽带散射信号 (SH0,图 8.1(b) 中红框标记) 因频率样本较多而包含足够的缺陷相关信息,可使用如波数空间域变换算法进行定量缺陷重构,但实际中对这种宽带频率信号的模态分离难以实现。图 8.1(b) 中的蓝色方框区域的带宽较窄,且该频段内固定有 5 个模态的信号,使用该频段进行缺陷重构,模态工作会相对简单。但由于频点数减少,如果仅使用该频段内单一模态的信号进行重构,则会因缺陷信息不足而重构精度较低,若开发一个能够融合该频段内 5 个模态信号的算法模型进行缺陷重构,则能够获得充足的缺陷相关信息,进而实现在使用较少频率样本情况下的高精度缺陷重构。如第 7 章所述,Deep-guide 是一种通用的波导结构缺陷重构框架,其模型的输入是式 (7.10) 和式 (7.11) 所示的多频多模态导波反射系数矩阵,在第 7 章的研究中我们只考虑了模型处理多频信号的情况,在本节将进一步讨论模型处理多频多模态信号的效果。

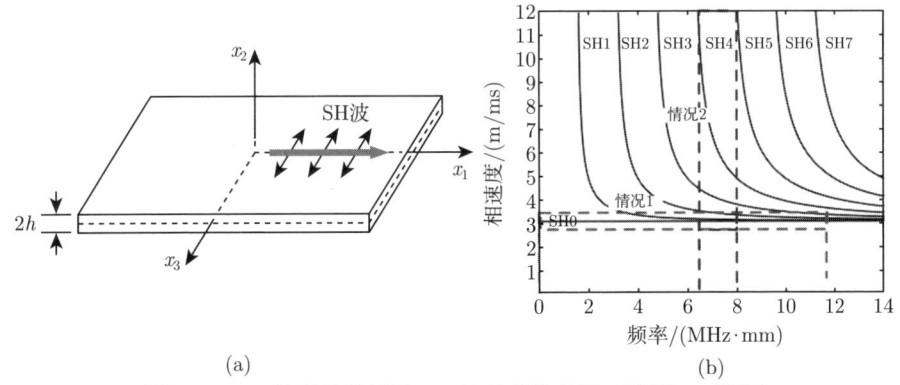

图 8.1 SH 波的传播以及 SH 波的频散曲线 (彩图扫二维码)

(a) SH 波沿 x_1 方向传播,质点沿 x_3 方向运动;(b) 铝板 ($c_T = 3.2$ m/ms) 中 SH 波的频散曲线

图 8.2 所示为一个有表面减薄缺陷的平板。假设 SH0 模态的入射导波从左侧传播到右侧,并在缺陷部分反射回来,可以在远场观测到包含多模态信息的反射波,其位移场由式 (8.3) 确定。考虑到 SH 波的频散特性,入射 SH0 波 u^{Inc} 和反射第 n 阶模态波 u_n^{Rec} 的位移可以表示为

$$\begin{cases} u^{\text{Inc}} = A_0^{\text{Inc}}(\omega_m) f_0(q_0 x_2) e^{i(kx_1 - \omega_m t)} \\ u_n^{\text{Rec}} = A_n^{\text{Rec}}(\omega_m) f_n(q_n x_2) e^{-i(kx_1 + \omega_m t)} \end{cases} \quad (8.5)$$

其中,ω_m 表示角频率 ($m = 1, 2, 3, \cdots$);A_n 是频域中第 n 阶模态的振幅系数;

$q_n = \sqrt{\omega_m^2/c_T^2 - k^2}$；而 f_n 由式 (8.6) 确定：

$$f_n(q_n x_2) = \begin{cases} \cos(q_n x_2), & n = 0, 2, 4, \cdots \\ \sin(q_n x_2), & n = 1, 3, 5, \cdots \end{cases} \tag{8.6}$$

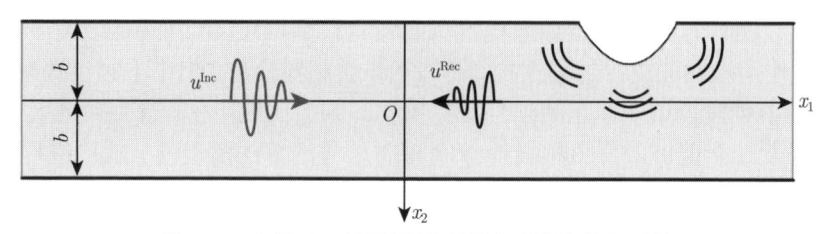

图 8.2　入射 SH 波遇平板表面减薄缺陷发生反射

第 n 阶反射波的反射系数 $C_n(\omega_m)$ 由式 (8.7) 给出：

$$C_n(\omega_m) = \frac{A_n^{\text{Rec}}(\omega_m)}{A_0^{\text{Inc}}(\omega_m)} \tag{8.7}$$

$C_n(\omega_m)$ 的矩阵表示可以写为

$$\boldsymbol{C}^{mn} = \begin{bmatrix} C_0(\omega_1) & \cdots & C_n(\omega_1) \\ \vdots & & \vdots \\ C_0(\omega_m) & \cdots & C_n(\omega_m) \end{bmatrix} \tag{8.8}$$

其中，每个复数项 $C_n(\omega_m)$ 表示不同频率和模态导波的反射系数，这些反射系数的幅值和相位包含结构缺陷形状相关的特征。在本节的研究中，通过构建 Deepguide 神经网络模型，利用数据训练得到算子 $\mathcal{H}$，从而实现从反射系数 $\boldsymbol{C}^{mn}$ 到缺陷界面形状 $\boldsymbol{D}$ 的映射，其过程由式 (8.9) 表示：

$$\boldsymbol{D} = \mathcal{H}(\boldsymbol{C}^{mn}) \tag{8.9}$$

图 8.3 给出了 SH 波前三阶模态复数域反射系数的曲线图，包含第 0 阶对称模态 (SH0)、第 1 阶反对称模态 (SH1) 和第 2 阶对称模态 (SH2)，频率范围为 7.5~12.5MHz。在本节研究中首先将各阶模态的反射系数归一化 (归一化的目的是使得算法能均匀获取各模态的缺陷信息)，然后将归一化后的各阶模态反射系数向量拼接为矩阵，该矩阵即作为神经网络的输入进行后续的缺陷重构。

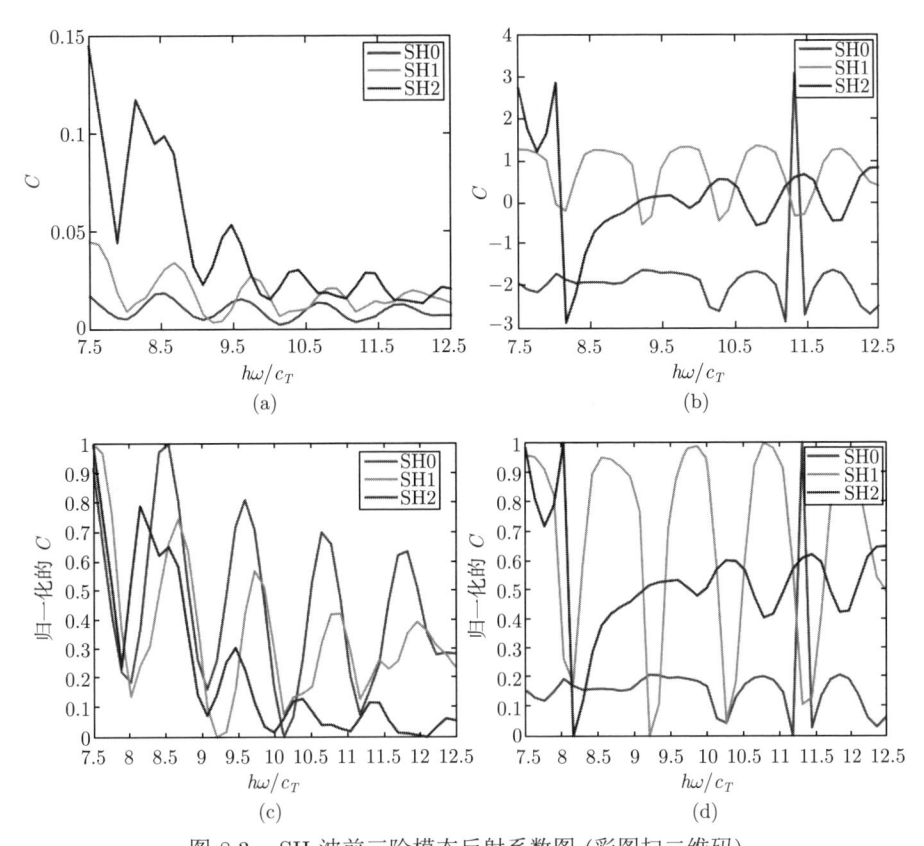

8.2 数据驱动多频多模态导波缺陷重构

图 8.3　SH 波前三阶模态反射系数图 (彩图扫二维码)

(a) SH 波前三阶模态反射系数的幅值；(b) SH 波前三阶模态反射系数的相位；(c) 反射系数幅值归一化后的结果；(d) 反射系数相位归一化后的结果

如流形假设所述，自然界中同一类型的高维数据分布集中在一个非线性低维流形附近，深度学习的目标即学习数据中的流形结构以及与其相关的概率分布。因此，如果导波散射数据 (即反射系数 C^{mn}) 所表示的缺陷相关流形分布具有更简单且高度可分离的结构，那么 $\mathcal{H}$ 就能实现更高精度的重构。考虑于此，在构建 $\mathcal{H}$ 之前有必要对导波反射系数 C^{mn} 的流形结构进行分析。在本节的研究中，使用 DBEM 算法计算了大量上述三种类型缺陷在不同频率以及导波模态情况下的反射系数，然后使用 t-SNE 算法进行降维和可视化以观察相关的流形结构特征，如果不同缺陷类型的反射系数在降维后的空间中表现出明显的聚类或可分离结构，则表明其蕴含着丰富的缺陷特征信息，能够区分不同类型缺陷的几何差异，适用于后续的深度学习缺陷重构。此外，通过分析这些数据的流形结构，可以帮助进一步优化深度学习神经网络模型的设计，例如，更优的网络架构、更合适的损失函数等超参数以更好地适应数据的内在特征。

图 8.4 展示了利用 t-SNE 可视化不同频带宽度和模态数量反射系数信号后的流形分布特征。可以看到，对于宽频带信号 (见图 8.4(a) 和 (c))，在单一模态和多模态融合情况下的反射系数信号都表现出高度可分离性，同一类型缺陷样本点聚集分布，不同类型相互分离。而当频率样本数较小 (见图 8.4(b) 和 (d)) 时，融合多模态的反射系数信号所对应的流形结构更清晰且更易区分，而使用单一模态的反射系数信号无法对不同类型缺陷进行分离。根据图 8.4 的结果，考虑实际中检测的精度和成本相关因素，可以得到以下结论。

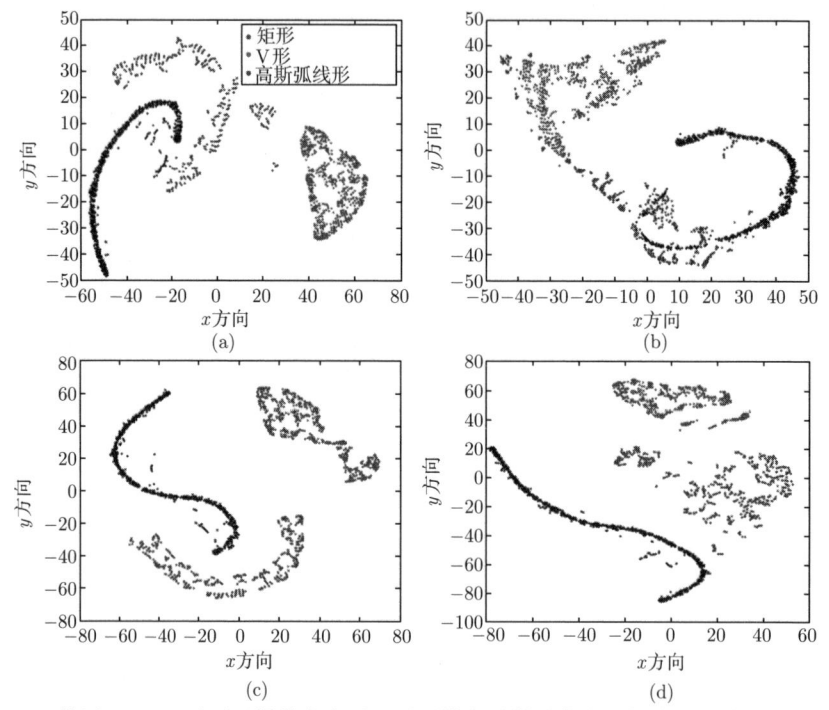

图 8.4 使用 t-SNE 对不同频带宽度以及不同模态反射系数信号的流形结构可视化结果
(彩图扫二维码)

(a) 单一模态、宽频带情况下的流形结构；(b) 单一模态、窄频带情况下的流形结构；(c) 融合 5 阶模态、宽频带情况下的流形结构；(d) 融合 5 阶模态、窄频带情况下的流形结构

(1) 在利用导波进行定量化结构缺陷重构时，增加检测的频带宽度或者融合更多模态的信号都有利于提高重构的精度；

(2) 如果仅通过增加频带宽度来提高检测精度，一方面会提高用于激发不同频率信号的硬件成本，另一方面在宽频情况下的模态分离将十分复杂；

(3) 而如果使用窄频带信号进行重构，检测成本和复杂度会降低，但由于单一模态的窄带信号所包含的缺陷细节信息不足 (见图 8.4(b))，无法实现高精度重构；

(4) 采用窄带多模态信号进行缺陷重构，一方面激发不同频率的硬件成本降

8.2 数据驱动多频多模态导波缺陷重构

低，且不需要进行模态分离；另一方面，融合多模态的反射波信号包含足量的缺陷信息，可实现高精度的重构。

8.2.2 多频多模态导波缺陷重构数值验证

在这项研究中，使用 MBEM 获得了包含 3000 个散射信号 (反射系数) 的数据集，这些信号来自板中 3 种典型的表面缺陷形状，包括矩形缺陷、V 形缺陷以及高斯曲线形缺陷。入射波为 SH0 模态，角频率 ω 的取值范围是 $0.1\sim14.0$ MHz，增量为 0.1MHz，共有 140 个频率样本，对于每个频率样本取前五个 SH 波模态的振幅系数。样本数据集构建完成后，对 Deep-guide 神经网络进行训练并开展相关的验证测试。

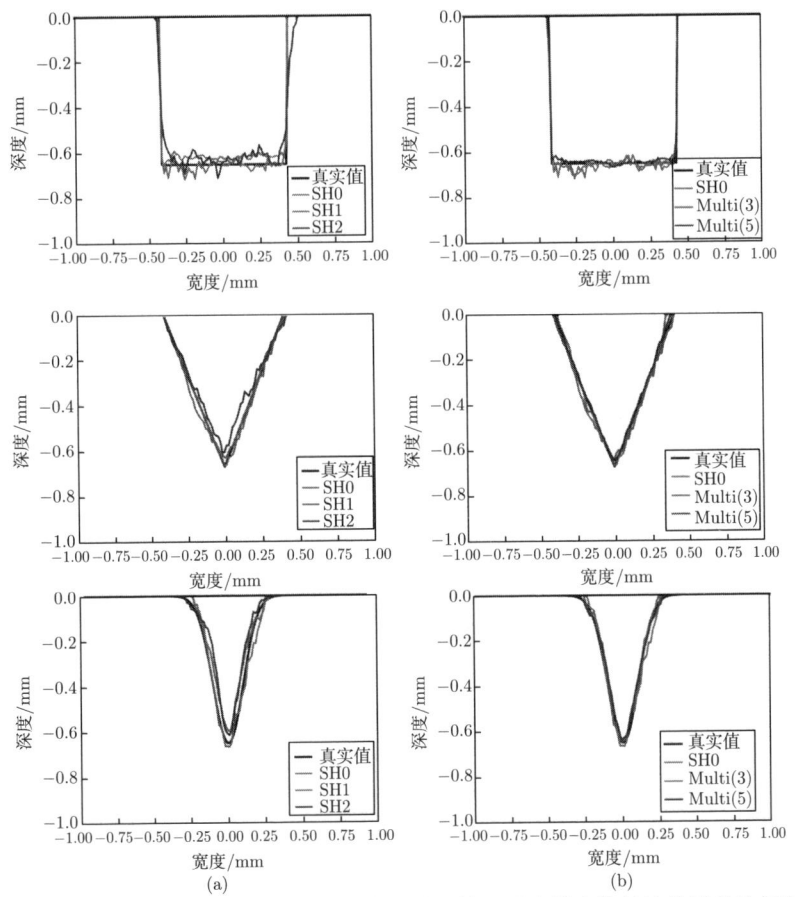

图 8.5 基于 Deep-guide 神经网络结构，采用单一或多模态散射波信号重构板表面缺陷的结果 (板厚 $h=1$mm)(彩图扫二维码)

(a) 使用单一模态信号时模型对三种类型缺陷的重构结果；(b) 使用多模态融合信号时模型对三种类型缺陷的重构结果

图 8.5 给出了使用不同 SH 波模态 (单一 SH0、单一 SH1、单一 SH2、融合前 3 阶模态以及融合前 5 阶模态) 的散射信号重构的三种类型缺陷 (矩形缺陷、V 形缺陷和高斯曲线形缺陷) 的结果。可以看到，在使用单一模态或多模态信号的情况下，Deep-guide 都能实现有效的缺陷重构，重构缺陷的几何形状与实际形状基本匹配，且重构的时间小于 0.1s，效率较高。

此外，表 8.1 给出了以平均 RMSE 和 PSNR 为标准对整个测试集 (600 个样本) 的重构精度进行定量评估的结果。可以看到，对于三种类型缺陷的重构，使用融合前 5 阶模态信号重构结果的平均 RMSE 最低 (0.0166)，与之相比，使用融合前 3 阶模态信号的重构结果为 0.0212(高 27.71%)，使用单一 SH0 模态重构结果为 0.0252(高 51.82%)，使用单一 SH1 模态重构结果为 0.0298(高 79.52%)，使用单一 SH2 模态重构结果为 0.0458(高 175.90%)。以结果的平均 PSNR 值来看，可以得出相同的结论，即融合前 5 阶信号的重构效果最好，其测试集上的平均 PSNR 为 28.95dB，融合前 3 阶模态结果为 26.84dB(低 2.11dB)，单一 SH0 模态为 25.30dB(低 3.65dB)，单一 SH1 模态为 23.39dB(低 5.56dB)，单一 SH2 模态为 19.39dB(低 9.56dB)。

表 8.1 使用不同模态信号进行缺陷重构的定量化评估结果

类型	参数	缺陷 矩形	V 形	高斯曲线形	平均值
SH0	RMSE	0.0279	0.0224	0.0253	0.0252
	PSNR	24.07	26.73	25.09	25.30
SH1	RMSE	0.0284	0.0229	0.0381	0.0298
	PSNR	23.84	25.52	20.83	23.39
SH2	RMSE	0.0571	0.0332	0.0471	0.0458
	PSNR	16.92	22.51	18.75	19.39
融合前 3 阶模态	RMSE	0.0221	0.0213	0.0201	0.0212
	PSNR	25.54	27.29	27.68	26.84
融合前 5 阶模态	RMSE	0.0182	0.0149	0.0167	0.0166
	PSNR	26.82	31.59	28.45	28.95
平均值	RMSE	0.0307	0.0229	0.0295	
	PSNR	23.44	26.73	24.16	

值得注意的是，V 形缺陷重构的精度最高，其测试集上的平均 RMSE 为 0.0229，相较于矩形和高斯曲线形缺陷的 0.0307 和 0.0295，分别提高了 34.06% 和 28.82%。这种现象可以从 8.2.1 节中所示流形分布的角度来分析：图 8.4 中，绿点表示 V 形缺陷散射波信号的流形结构，可以看出相比于另外两类缺陷的流形结构，该结构更加紧凑、聚类效果更好，且分离度更高，因而利用该数据进行缺陷重构的效果更好。

图 8.6 给出了使用不同模态信号进行缺陷重构测试结果的箱式图，图中给出

了在 5 种情况下 600 个测试样本的 RMSE 分布。可以看到,对于单一模态的情况,使用 SH0 重构结果的精度和稳定性更高,其测试集的中值 RMSE 最低 (0.0204);而相对于单一模态,使用多模态融合信号重构结果的 RMSE 分布更紧凑且整体的值更小,进一步表明了融合多模态信号重构的有效性。

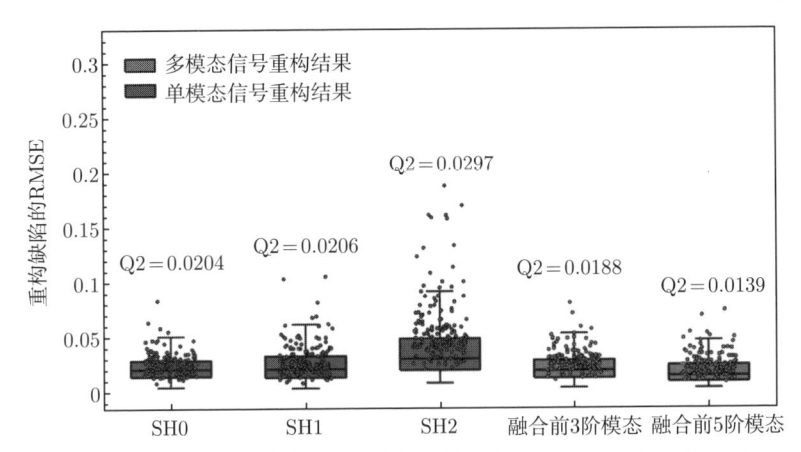

图 8.6　对 600 个测试样本重构的定量化评估结果 (彩图扫二维码)
对于每种模态情况,随机选取了 150 个结果以小圆圈的形式在图中显示

8.3　数据驱动的三维结构缺陷定量化重构

在第 7 章的研究中,所构建的算法模型以及相应的数值验证都针对二维的结构表面缺陷截面进行重构,为了验证 Deep-guide 解决三维缺陷重构问题的可行性,本节构建了仿真数据集进行初步验证。在之前的验证研究中,神经网络的输出是一个一维的数值向量,因此解码器的神经网络为一维卷积层;若研究的对象转变为重构结构的表面缺陷 (可以用图像表征缺陷的形状,图像中像素值表征缺陷的深度),则可以将解码器调整为二维卷积神经网络,实现图像数据的输出;若研究的对象转变为重构结构内部缺陷 (需要用三维的点云表征缺陷区域),则可以将解码器调整为三维卷积神经网络,实现三维点云数据的输出。

8.3.1　三维平板表面缺陷重构

在本节的研究中,研究对象为重构三维平板表面缺陷,因此将解码器部分的神经网络更替为二维卷积层,修改后的 Deep-guide 神经网络模型参数如表 8.2 所示。其中编码器的卷积层添加了批归一化运算,目的是加速模型训练,提高训练的稳定性;解码器部分为二维卷积神经网络,卷积层直接后接激活函数进行运算,卷积核的尺寸为 3×3,上采样将图像放大四倍,模型输出层的激活函数为 Linear,其输出值表征该像素点处结构缺陷的深度。

表 8.2　三维结构表面缺陷重构神经网络结构参数

层名称	层类型	核大小	卷积步长	卷积填充	批归一化	激活函数	参数量
Input	Input	—	—	—	—	—	0
Encoder	Conv1D (16)	3	1	same	Yes	ReLU	96
	MaxPool1D	—	—	—	—	—	0
	Conv1D (32)	3	1	same	Yes	ReLU	3168
ProJection	Dense	—	—	—	—	tanh	80000
	Dense	—	—	—	—	tanh	6250000
Decoder	Deconv2D (32)	3×3	1	same	—	ReLU	10048
	Upsample	—	—	—	—	—	0
	Deconv2D (16)	3×3	1	same	—	ReLU	8208
Output	Deconv2D (1)	3×3	1	same	—	Linear	577

接下来构建数据集对上述重构模型进行验证测试。对于图 8.7(a) 所示的厚度为 $2h$、含表面减薄缺陷的无限大板，沿 x_1 方向入射 S0 模态的导波遇缺陷发生散射，形成散射波场，在缺陷周围的圆形区域放置 30 个传感器来接收散射波场信号。如图 8.8~图 8.10 所示，本节研究了三种形状类型缺陷的重构，分别是圆台形缺陷、立方体形缺陷以及组合形缺陷。采用 COMSOL 有限元计算导波散射波场 (见图 8.7(b))，对于每种类型的缺陷随机改变其大小和位置构建了 100 个样本，总体的样本量为 200 个，每个样本中散射波场的无量纲频率在 0.05~0.1 均匀采样，步长为 0.01，因此每个样本是由包含 5 个频率点的 A0 模态反射系数组成的。如上所述，保持神经网络的编码器部分为一维卷积神经网络不变 (输入信号仍为一维的散射波信号)，将解码器修改成了二维卷积神经网络，其输出是二维的表征缺陷形状、位置及深度的图像。

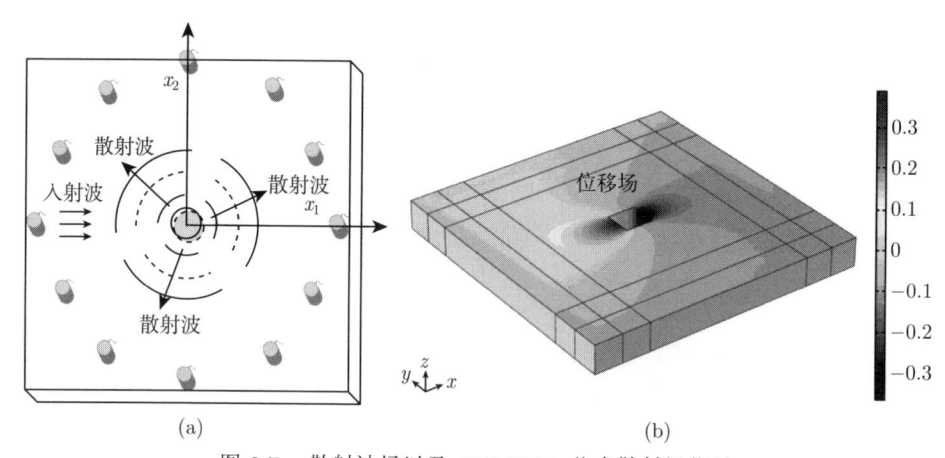

图 8.7　散射波场以及 COMSOL 仿真散射场信号
(a) 入射 S0 模态 Lamb 波遇缺陷发生散射，散射波信号由阵列传感器接收；(b) COMSOL 仿真散射场信号，形成仿真数据集

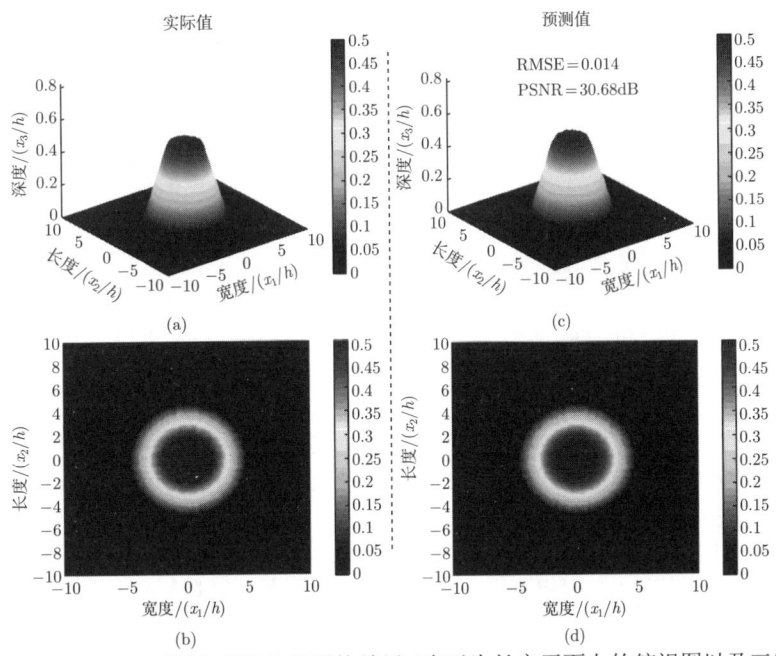

8.3 数据驱动的三维结构缺陷定量化重构 · 123 ·

图 8.8 Deep-guide 对圆台形缺陷的重构结果 (表示为长宽平面上的俯视图以及三维视图)(彩图扫二维码)

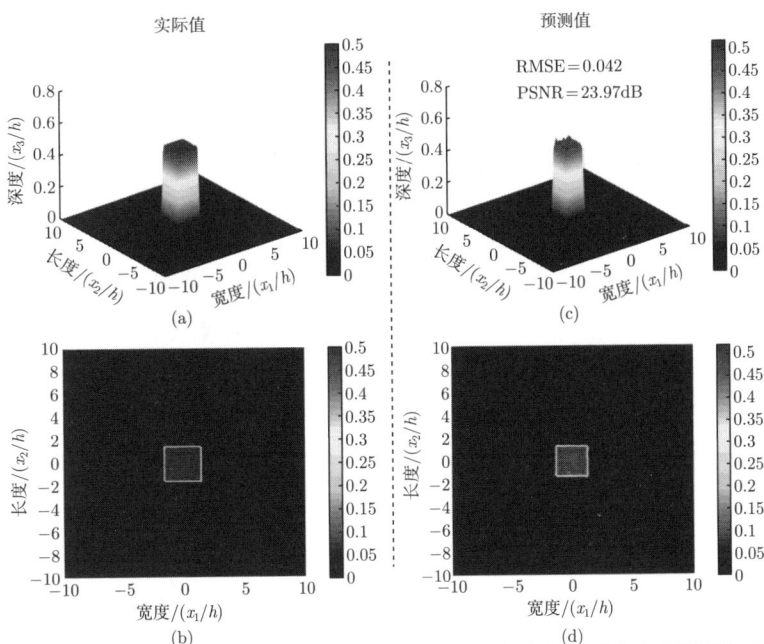

图 8.9 Deep-guide 对立方体形缺陷的重构结果 (表示为长宽平面上的俯视图以及三维视图)(彩图扫二维码)

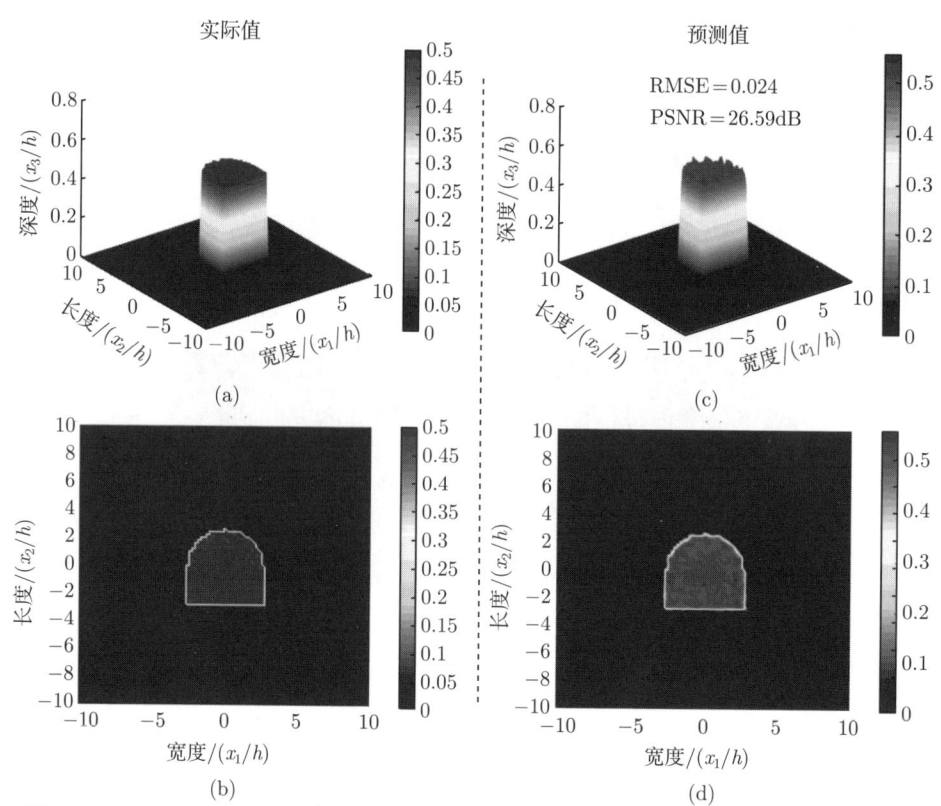

图 8.10 Deep-guide 对组合形缺陷的重构结果 (表示为长宽平面上的俯视图以及三维视图)(彩图扫二维码)

图 8.8~ 图 8.10 给出了经过训练后的 Deep-guide 模型对于三维结构表面缺陷的预测结果，图像中红色区域的像素值为 0，表示此处缺陷的深度为 0，即无表面缺陷，蓝色区域则表示缺陷区，像素的大小代表缺陷的深度。图中给出了真实的缺陷以及神经网络的预测结果，可以看出 Deep-guide 可以有效地实现对三维表面缺陷的重构，说明训练后的神经网络能够同时捕捉到在长度、宽度以及深度三个维度上的缺陷变化特征。

8.3.2 三维平板内部缺陷重构

结构缺陷如裂纹、孔洞、夹杂等，可能隐藏在结构内部，难以用肉眼或常规方法发现，但却可能在设备服役过程中导致结构的突发性损坏或失效，因此，开发有效的结构内部缺陷检测技术，对于保障工程结构的安全性、可靠性和使用寿命具有重要意义。相对于其他无损检测方法如 X 射线、超声脉冲反射等，利用超声导波检测结构内部缺陷具有独特的优势，如前面内容所述，超声导波能够沿着结构传播较长的距离，其传播区域兼顾结构的表面和内部，同时，导波对于缺陷

8.3 数据驱动的三维结构缺陷定量化重构

的位置和尺寸较为敏感，能够提供缺陷的定量信息。然而，目前利用超声导波实现结构内部三维缺陷重构仍面临诸多挑战。例如，导波在结构中传播时，会产生多模态转换、衰减和散射等复杂现象，因而缺陷信号的提取以及重构模型的构建异常困难。尽管国内外学者对三维导波成像和缺陷重构开展了一些研究，但由于上述难点的存在，目前尚未形成成熟且有效的三维导波缺陷重构算法。

与重构结构表面缺陷类似，可通过对 Deep-guide 模型进行进一步调整实现对三维结构内部任意形状缺陷的重构——将解码器 Decoder 部分替换为三维卷积神经网络，使得其能输出三维张量，用以表征三维空间的缺陷概率点云分布。基于 Deep-guide 框架的三维结构内部缺陷重构过程如图 8.11 所示，结构中的导波散射信号经传感器接收后，形成一维的信号，将其输入编码器进行处理，编码器仍为一维卷积神经网络，然后经投影算子处理后，输入三维反卷积解码器进行三维空间的特征重构，最后形成缺陷概率分布张量。三维卷积神经网络解码器的处理过程可以表示为

$$Y_{i,j,k} = \sum_{m=0}^{M-1} \sum_{n=0}^{N-1} \sum_{l=0}^{L-1} K_{m,n,l} X_{s\cdot i+m, s\cdot j+n, s\cdot k+l} \tag{8.10}$$

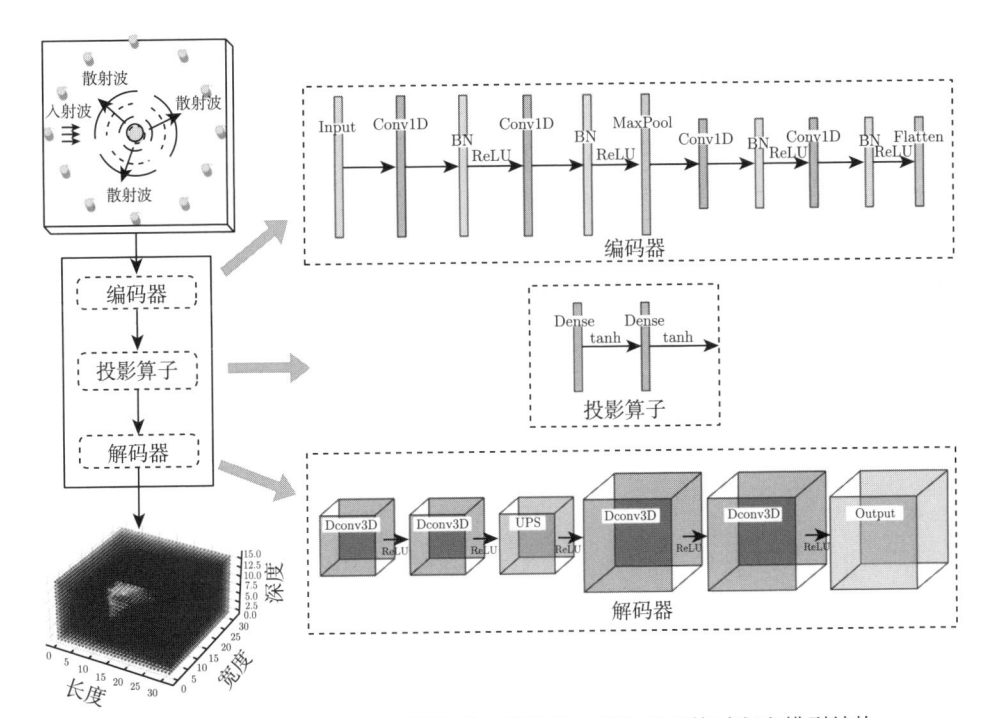

图 8.11 基于 Deep-guide 框架的三维结构内部缺陷重构过程和模型结构

其中，$X \in \mathbf{R}^{H \times W \times D}$ 为解码器的输入数据，即投影算子 Projection 的输出；$K \in \mathbf{R}^{M \times N \times L}$ 为三维卷积核，本节研究中卷积核的维度是 $3 \times 3 \times 3$；s 为卷积步长，值为 1；(i, j, k) 表示输出特征图的索引。

本节所构建的神经网络结构参数如表 8.3 所示，值得注意的是，在当前问题中，只对编码器部分进行批归一化处理，而解码器的三维反卷积神经网络则直接后接激活函数，选择反卷积的目的是恢复编码器卷积运算过程中丢失的信息，更利于空间特征信息的重构。在输出层部分，选择 Sigmoid 函数作为激活函数，其输出为 0~1 的值，用以表征缺陷存在的概率。该网络每层的参数量如表 8.3 所示，最终总的参数量为 16936321。

表 8.3　三维结构内部缺陷重构神经网络结构参数

层名称	层类型	核大小	卷积步长	卷积填充	批归一化	激活函数	参数量
Input	Input	—	—	—	—	—	0
Encoder	Conv1D (16)	3	1	same	Yes	ReLU	96
	MaxPool1D	—	—	—	—	—	0
	Conv1D (32)	3	1	same	Yes	ReLU	3168
Projection	Dense	—	—	—	—	tanh	131072
	Dense	—	—	—	—	tanh	16777216
Decoder	Deconv3D (32)	$3 \times 3 \times 3$	1	same	—	ReLU	16416
	Upsample	—	—	—	—	—	0
	Deconv3D (16)	$3 \times 3 \times 3$	1	same	—	ReLU	8208
Output	Deconv3D (1)	$3 \times 3 \times 3$	1	same	—	Sigmoid	145

完成神经网络模型的构建后，开展数值实验对模型的性能进行验证测试。本节采用与 8.3.1 节中同样的仿真方式构建样本数据集，区别在于本节在平板中定义了一部分区域为检测区，该区域位于图 8.8(b) 所示平板的中心部分，厚度为 $2h$（即板的厚度），长度和宽度都为 $4h$。我们对这个区域进行网格划分，厚度方向网格数为 16，长度和宽度方向网格数为 32，最终将该区域划分为 $16 \times 32 \times 32$ 共 16384 个小立方体网格。神经网络的输入为阵列传感器接收的散射场信号，输出是维度为 $16 \times 32 \times 32$ 的三维张量，张量中每个值都介于 0~1，表征该点为缺陷区域的概率，整体则为所定义检测区域的概率云图。如图 8.12 所示，在获得概率云图后，设定概率大于等于 0.5 的网格为缺陷区，小于 0.5 的则为非缺陷区，以此阈值将缺陷区划分出来 (见图 8.12(b))，然后对该区域进行网格化，构建小立方体，即得到重构后的三维缺陷几何形状 (见图 8.12(c))。

在本节的研究中，考察了球形以及复合型两种类型缺陷的重构，在构建数据集时，对于球形缺陷 (见图 8.13(a))，定义其半径是在 (0.125~1)h 随机变化，圆心则是在整个检测区范围内随机变化，若圆心位于检测区的边缘位置，则自动去除检测区以外的球体部分，这种情况可视为表面缺陷 (见图 8.13(d))；对于复合型

8.3 数据驱动的三维结构缺陷定量化重构

缺陷，其主体仍为一个球体，区别在于球的中间额外拓展了一个半径，形成的是一个球体加上一个圆盘的复合形状 (见图 8.13)，同样，在构建数据集时，复合缺陷的半径在 $(0.125\sim 1)h$ 随机变化，质心同样是在整个检测区范围内随机变化。按照以上标准，最终构建了共 512 个样本数据，其中 256 个球形缺陷样本，256 个复合型缺陷样本。

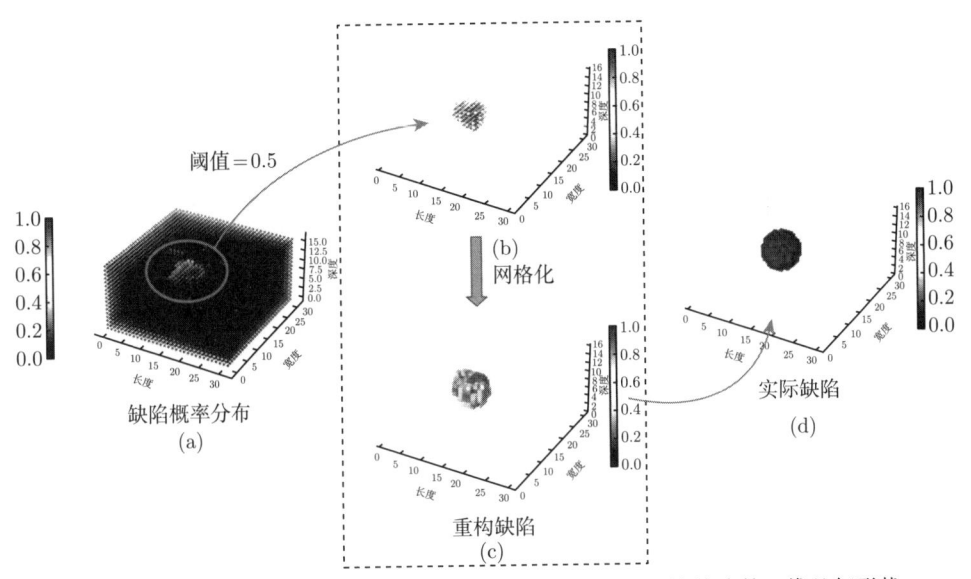

图 8.12 检测区概率云图经阈值处理以及网格化后得到重构缺陷的三维几何形状
(a) 神经网络输出的检测区缺陷概率云图；(b) 定义概率大于 0.5 的部分为缺陷，取该阈值后的缺陷概率点云分布；(c) 将缺陷概率点云网格化为小六面体，形成缺陷形状；(d) 实际的缺陷形状

数据集构建完成后，对图 8.11 所示的三维卷积 Deep-guide 神经网络进行训练，训练样本有 460 个，剩下 52 个样本用于测试。对于球形缺陷以及复合型缺陷的测试集重构结果如图 8.13 所示，对于球形缺陷，给出了其位于结构内部的情况 (见图 8.13(a)~(c)) 以及位于结构表面的情况 (见图 8.13(d)~(f))。从图中可以看出，Deep-guide 模型可以有效预测出检测区的缺陷概率分布，且经过阈值处理和网格化后，重构缺陷与实际缺陷形状基本相符。同时，计算了缺陷部分的重构精度，其中对于内部球体的重构精度最高 (83.69%)，复合型缺陷因形状更加复杂，精度相对较低 (78.43%)。

在图 8.14 中，进一步给出了对于复合型缺陷重构结果的三视图对比，可以看到，神经网络基本实现了对三维缺陷的重构。值得注意的是，从颜色表征的概率分布来看，对于三维几何体，靠近缺陷几何体中心部分预测概率越高 (表现为颜色越红)，而在缺陷的边缘区域则预测概率较低 (表现为颜色偏黄)，容易出现误判，尤其从图 8.13(d) 和 (f) 可以看出，缺陷靠近平板上表面部分的预测效果较差，缺

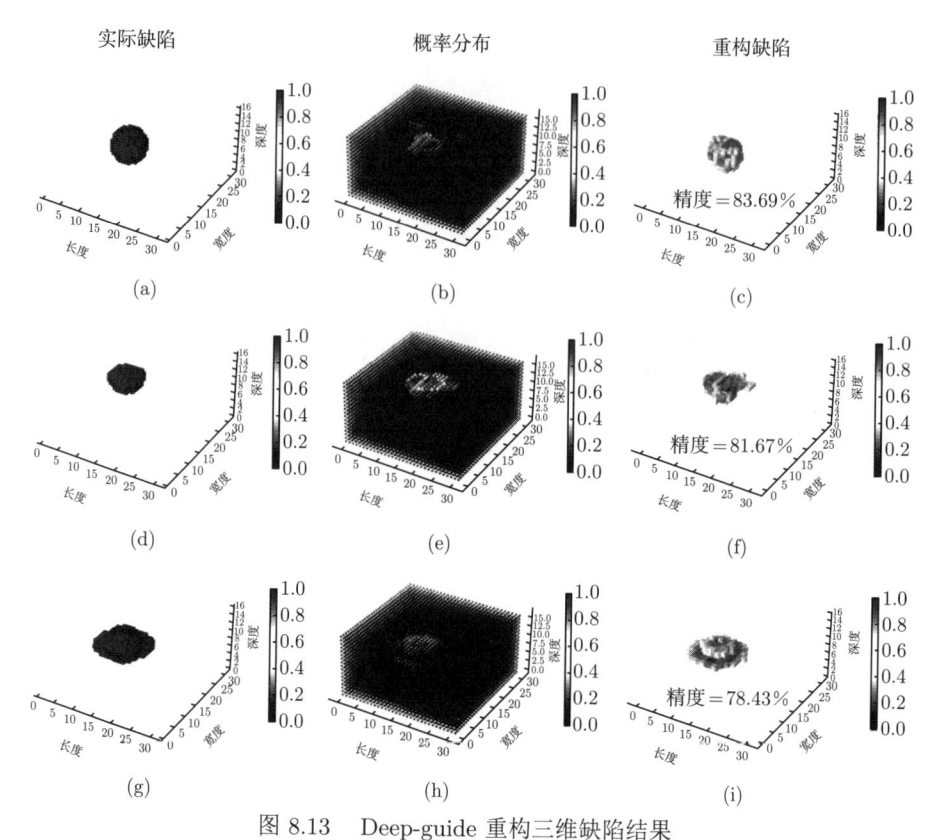

· 128 ·　　第 8 章　基于流形学习框架的导波缺陷重构应用拓展及实验

图 8.13　Deep-guide 重构三维缺陷结果

(a)~(c) 内部球形缺陷及重构结果；(d)~(f) 表面缺陷及重构结果；(g)~(i) 内部复合型缺陷重构结果

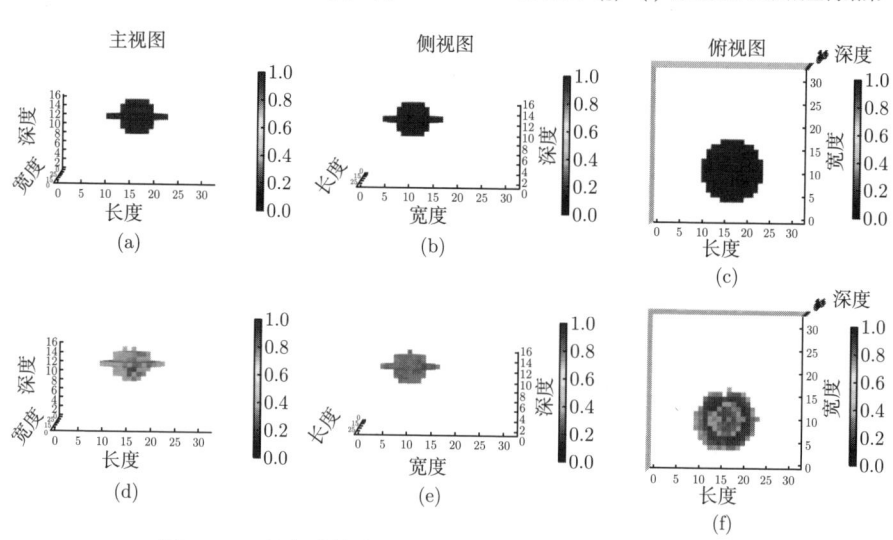

图 8.14　复合型缺陷重构结果的三视图 (彩图扫二维码)

(a)~(c) 实际缺陷形状的三视图；(d)~(f) 重构缺陷形状的三视图

失了多个缺陷网格点，原因可能在于当内部缺陷与平板表面较为接近时，形成了复杂的反射边界，使得该区域发生强散射，进而影响了重构精度。

8.4 数据驱动缺陷重构实验验证

8.4.1 超声检测实验装置搭建

在本书之前的研究中，均使用数值分析的方式对所提的 Deep-guide 缺陷重构方法进行验证，为了进一步测试所提方法的可行性，本节研究设计了由 32 个电磁超声换能器 (EMAT) 组成的圆形阵列 (圆形阵列直径为 400mm) 进行缺陷重构的实验验证。本实验所使用的 EMAT 由圆柱形磁铁和双激励线圈组成，通过调节双线圈的间距和半径，可使得两者所激发 Lamb 波的 A0 模态形成相长干涉，S0 模态形成相消干涉，进而获得相对纯净的 A0 模态激励波，其中心频率为 250kHz。如图 8.15(a) 所示，接收和发射探头均使用 EMAT 阵列。除 EMAT 外，本实验使用信号发生器 (DG4102) 调制激励信号；使用高功率脉冲发生接收器 (RPR-4000) 进行信号的功率方法和前置放大；使用示波器 (MS2024B) 采集信号。

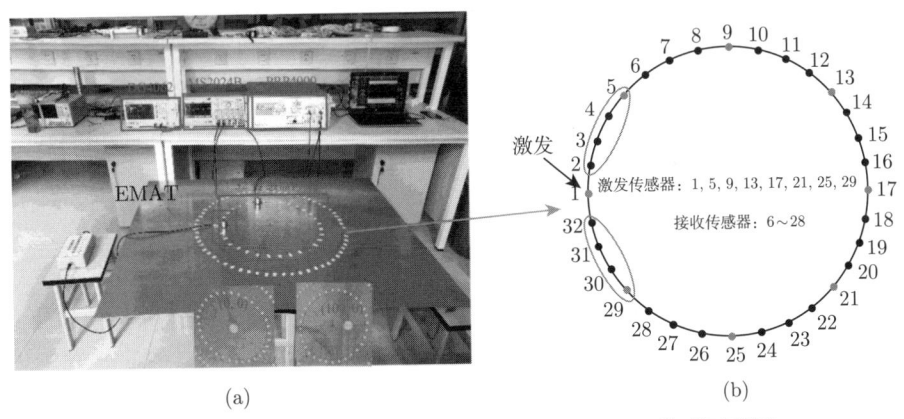

图 8.15 电磁超声无损检测实验平台以及 EMAT 阵列示意图
(a) 电磁超声无损检测实验平台；(b) EMAT 阵列示意图

在本实验中，构建了两个尺寸为 1200 mm×1200 mm×3 mm 的铝板，铝板表面包含人工圆形减薄缺陷。缺陷的直径和深度分别设置为 50 mm 和 1 mm。如图 8.15(a) 所示，一张板中缺陷位于中心，坐标为 (0,0)mm，另一张板中缺陷偏离中心，坐标为 (100,0)mm。在铝板上布置 EMAT 阵列后，板中间直径为 400mm 的区域为检测区。

对于信号的激励和接收，本实验在如图 8.15(b) 中所示的八个位置 (标签 1、5、9、13、17、21、25、29) 激励信号。然后由 32 个探头 (标签 6~28) 接收信号。需要注意的是，靠近发射点的接收传感器所获得的信号会不可避免地受到电磁干扰的影响，因此只使用标签 6~28 的信号进行重构。最终的数据是 8(发射信号)×23(接收信号) 共 184 组。

在本研究中，对接收到的时间序列信号处理步骤包括：① 对原始信号进行小波变换，根据小波变换谱中能量通量密度最高的点确定波包的到达时间 (见图 8.16(a) 中红色曲线)；② 如图 8.16(a) 所示，选择以到达时间为中心，长度为 5 个激励周期的窗函数来截取信号 (原始信号为 5 个激励周期)，同时通过置零操作来消除其他区域的噪声以及不需要的反射信号，获得纯净的 A0 模态反射波信号，如图 8.16(b) 所示；③ 对截断信号进行快速傅里叶变换 (FFT)，提取其频域中 250kHz 处的信号值，该值与式 (5.10) 中的反射系数相对应，用于输入 Deep-guide 模型进行缺陷重构。

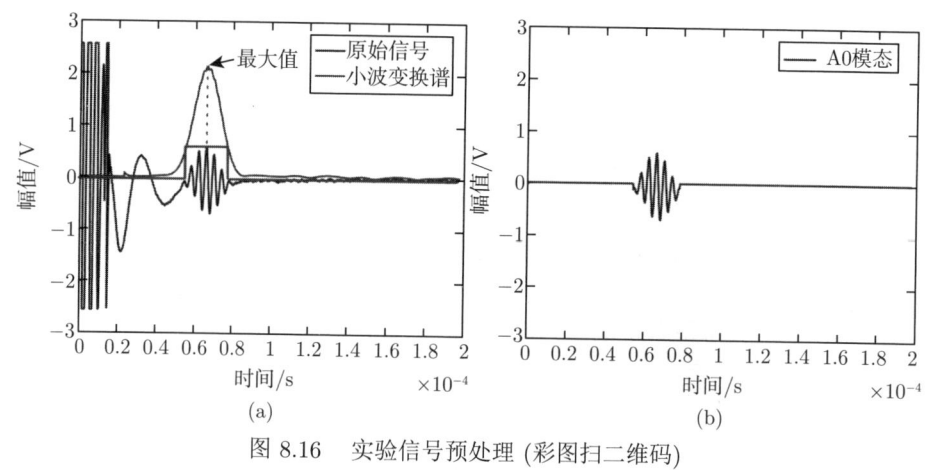

图 8.16　实验信号预处理 (彩图扫二维码)

(a) 根据小波变换结果对原始信号进行截取；(b) 截取后的 A0 模态时域信号

8.4.2　实验结果

在本节研究中，使用 8.3.1 节中的仿真数据训练 Deep-guide 神经网络模型 (本节重构三维板表面缺陷，所以神经网络解码器为二维卷积神经网络)，数据集包括 49 个具有不同尺寸和位置的圆形缺陷样本。模型训练完成后，将 8.4.1 节中获得的实验数据输入网络来重构圆形缺陷，神经网络的输出是维度为 400×400 的矩阵，共包含 160000 个像素，像素值大小表征该点处缺陷的深度。分别测试了神经网络模型对于板中心圆形缺陷以及偏离中心圆形缺陷的重构。图 8.17 和图 8.18 给出了模型对于两组实验数据的重构结果。

从重构结果可以看出，Deep-guide 能够较为准确地预测出缺陷位置以及缺陷尺寸，证明了利用仿真数据训练的模型能够适用于实际检测。图 8.19 给出了重

8.4 数据驱动缺陷重构实验验证

构结果的截面图 (从图 8.17 和图 8.18 中长度方向为 0 处截取的结果)，从图中可以看到，模型对于缺陷形状没有实现高精度的重构，其精度的定量化评估结果相比于 8.3.1 节中仿真数据重构结果要低。从 RMSE 评估结果看，实验结果的 RMSE(0.049) 相比仿真结果 (测试集平均 RMSE 为 0.026) 增加了 88.46%，而 PSNR(21.62dB) 则相比仿真结果 (测试集平均 PSNR 为 24.87dB) 低了 3.25dB。模型输入实验数据预测精度更低的主要原因有：①实验数据包含环境噪声和人为误差，虽然在利用仿真数据训练模型时会加入高斯噪声用于模拟实验噪声，但该噪声与实际噪声仍然存在差异，进而会使得模型在预测实验数据时形成误差；②由于电磁干扰，激励探头附近的信号无法有效利用，导致提供给 Deep-guide 用于重构的缺陷信息减少，从而降低了重构精度；③在实验测试中，考虑到实用性，只使用了单频散射波信号 (250 kHz) 作为模型的输入，从 8.2 节的分析结果可以看出，相比于多频信号 (8.3.1 节的仿真重构测试所使用的数据为包含 5 个频点的信号)，单频信号所包含的缺陷信息更少，因而重构精度会更低。

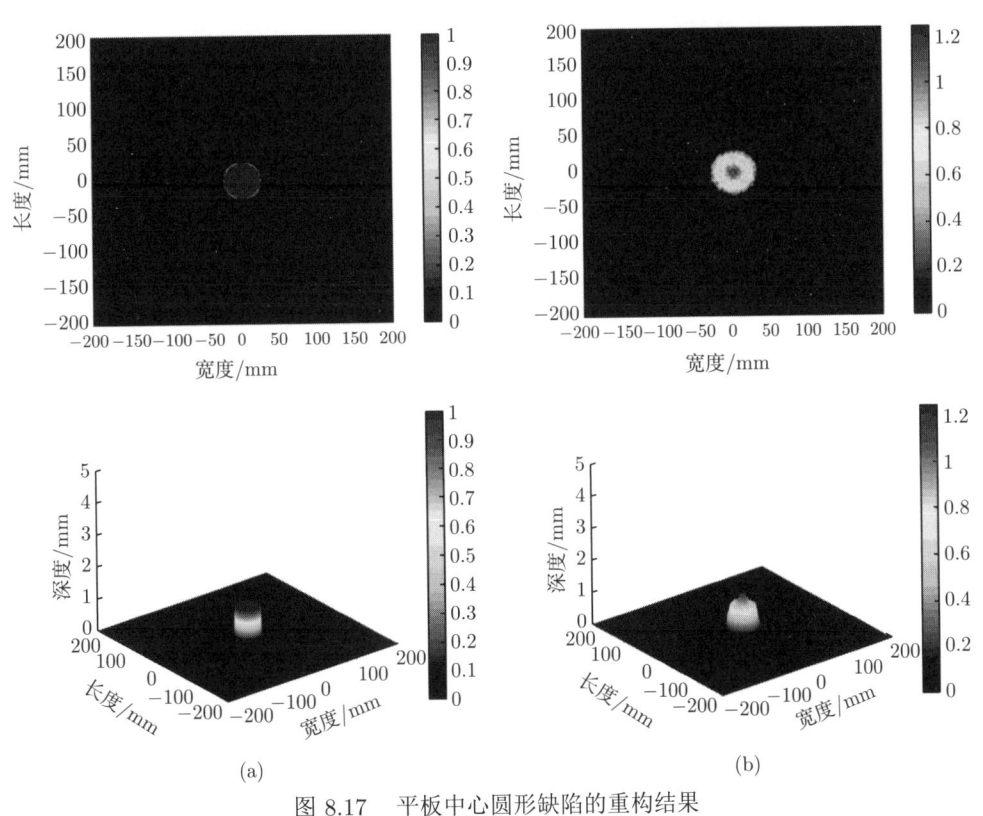

图 8.17 平板中心圆形缺陷的重构结果

(a) 实际缺陷形状和位置的二维以及三维图；(b) 重构结果的二维以及三维图

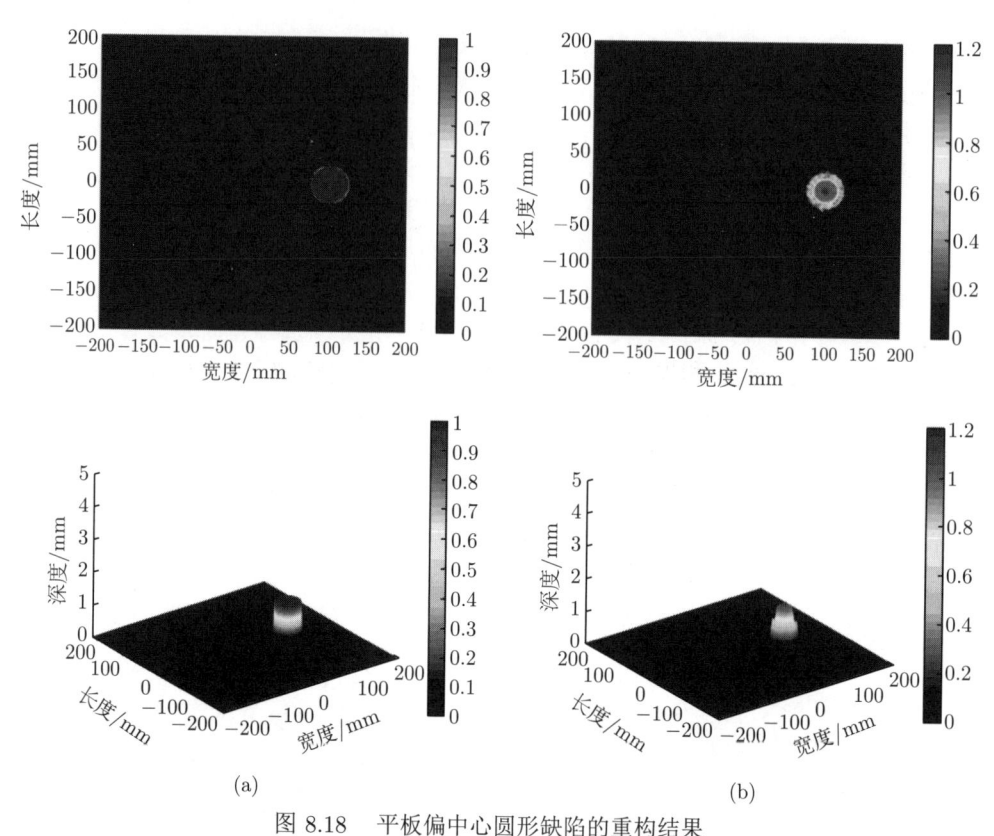

图 8.18　平板偏中心圆形缺陷的重构结果

(a) 实际缺陷形状和位置的二维以及三维图；(b) 重构结果的二维以及三维图

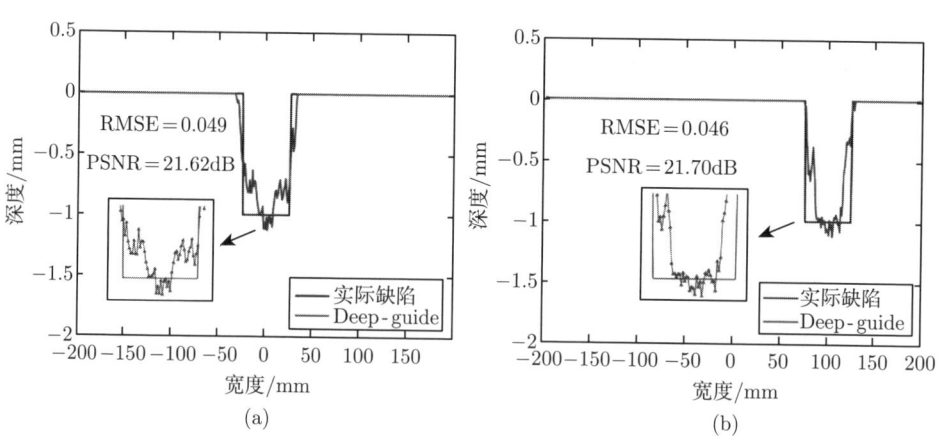

图 8.19　平板表面缺陷重构结果的截面图 (彩图扫二维码)

(a) 中心缺陷的截面图；(b) 偏中心缺陷的截面图

总的来看，实验结果证明了 Deep-guide 方法的有效性，其可以通过对仿真数据的训练获得导波散射信号与结构缺陷形状之间的映射关系，进而在输入实验数据的情况下实现有效的预测。根据以上分析结果，在实际检测中，可以通过使用真实散射数据训练模型、增加检测信号频率样本点数或增加检测信号的模态信息等方式进一步提高重构精度。

8.5 本章小结

本章开展了基于流形学习框架的数据驱动导波缺陷重构应用拓展及实验研究，探索了在不同频率和模态、不同波导结构、不同缺陷类型以及实验环境下数据驱动导波缺陷重构方法的性能。本章首先研究了数据驱动多频多模态导波缺陷重构，从拓扑流形的角度对多频多模态导波散射场信号进行了分析，结果表明融合多频多模态信息的导波散射场信号的流形结构具有更好的可分离性，其用于缺陷重构的效果更好；然后开展了多频多模态导波缺陷重构数值验证，测试了数据驱动重构模型在以不同频率以及模态作为输入情况下的性能和精度，结果表明利用融合前 5 阶 SH 波信号的数据进行缺陷重构精度和稳定性最好，证明了在实际中若采用窄带多模态信号进行缺陷重构，一方面激发不同频率的硬件成本降低，且不需要进行模态分离，另一方面，融合多模态的反射波信号包含足量的缺陷信息，可实现高精度的重构。

随后，本章还对数据驱动缺陷重构的应用场景进行了拓展。首先将 Deep-guide 模型的解码器更改为二维卷积层，应用于对三维平板表面缺陷的重构，模型的输出为图像，像素值表征缺陷的深度。数值验证中模型实现了对立方体形缺陷、圆台形缺陷以及复合型缺陷的有效重构。然后进一步将 Deep-guide 模型的解码器更改为三维卷积层，应用于对三维平板内部缺陷的重构，模型的输出为三维缺陷概率点云，概率值表征该点存在缺陷的概率，通过对概率阈值大于 0.5 的点云区域进行网格化，可以有效地表征出三维空间中任意形状的缺陷。本章开展数值验证，测试了模型重构结构内部球形缺陷以及复杂复合型缺陷，结果证明了方法的有效性。

本章最后开展了数据驱动缺陷重构实验验证。首先介绍了超声检测实验装置的设备以及搭建方法，构建了铝板表面缺陷样本并开展实验获取导波散射场信号，输入 Deep-guide 模型进行重构性能验证。模型由仿真数据训练，输入实验数据后实现了对铝板表面中心处以及偏心处圆形缺陷的重构，证明了 Deep-guide 能有效重构出缺陷的形状并确定缺陷的位置。测试过程也为数据驱动导波缺陷重构方法的实际应用积累了经验，例如，可以通过添加实验训练数据、增加频率样本点数或增加多模态实验信号的方式进一步提高重构的精度。

参 考 文 献

[1] Li Q, Liu H R, Li P, et al. Intelligent structural defect reconstruction using the fusion of multi-frequency and multi-mode acoustic data [J]. IEEE Access 11, 2023: 23935-23945.

[2] Li Q, Liu F, Li P, et al. Acoustic data-driven framework for structural defect reconstruction: A manifold learning perspective[J]. Engineering with Computers, 2024, 40(4): 2401-2424.

[3] Qian Z, Li P, Wang B, et al. A novel wave tomography method for defect reconstruction with various arrays[J]. Structural Health Monitoring, 2024, 23(1): 25-39.